彩图 1-1　养鱼池塘

彩图 1-2　草鱼

彩图 1-3　青鱼

彩图 1-4　鲢鱼

彩图 1-5　鳙鱼

彩图 1-6　鲤鱼

彩图 1-7　鲫鱼

彩图 1-8　三角鲂

彩图 1-9　团头鲂

彩图 3-1　鳊鱼亲鱼

彩图 3-2　检查受精卵

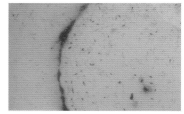

彩图 3-3　刚出膜的小鱼苗

彩图 3-4　环道内的鱼卵

彩图 4-1　显微镜下刚出膜的幼鱼

彩图 4-2　乌仔

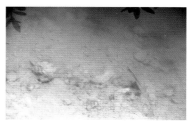

彩图 4-3　池塘里培育的小鱼苗
刚入池

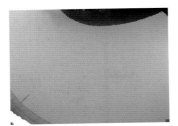

彩图 4-4　可以用于培育的鱼苗

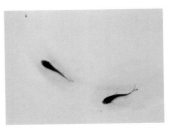

彩图 4-5　培育 20 天的鱼苗

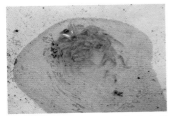

彩图 4-6　用于夏花培育的鱼种

彩图 6-1　鱼塘面积

彩图 6-2　漂白粉和生石灰
混合消毒的池塘

彩图 6-3　优质鱼种

彩图 6-4　正在抢食的鱼群

彩图 6-5　投饲机

彩图 6-6　增氧机增氧

彩图 6-7　捕捞成鱼

彩图 7-1　鲤春病毒病,
腹水——仿汪开毓

彩图 7-2　患痘疮病的鲫鱼头
部的蜡状物

彩图 7-3　乌鳢出血病

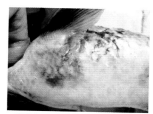

彩图 7-4　传染性造血器
官坏死病

彩图 7-5　细菌性败血症

彩图 7-6　患链球菌病的罗
非鱼眼球混沌

彩图 7-7　大菱鲆皮肤溃疡

彩图 7-8　疖疮病

彩图 7-9　白皮病

彩图 7-10　竖鳞病

彩图 7-11　皮肤发炎充血病

彩图 7-12　患打印病的鲶鱼

彩图 7-13　患肠炎的丁鲹鱼

彩图 7-14　患黏细菌性烂鳃病的鲫鱼

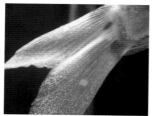

彩图 7-15　小爪虫寄生在
尾鳍和尾柄处

彩图 7-16　斜管虫寄生于鳃

彩图 7-17　车轮虫寄
生于鳃

彩图 7-18　患黏孢子虫病的
鲤鱼其头部孢囊

彩图 7-19　碘泡虫
寄生在内脏里

彩图 7-20　患打粉病的鳜鱼

彩图 7-21　患水霉病的金鱼

彩图 7-22　鳃霉病

彩图7-23 指环虫寄生在
鱼鳃上

彩图7-24 三代虫寄生在鱼
的尾鳍上

彩图7-25 嗜子宫线虫寄
生在鱼的尾鳍

彩图7-26 原生动物性烂
鳃病鳃丝变白

彩图7-27 中华鳋寄
生在鱼鳃

彩图7-28 锚头鳋寄生在
鲫鱼的尾鳍

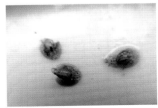

彩图7-29 从鱼体上取下的
鲺的活体形态

彩图7-30 患感冒的
翘嘴红鲌

彩图 7-31　水浮头

彩图 7-32　患气泡病白鲢鱼的鱼鳔

彩图 7-33　营养不良导致的
笋壳鱼脂肪肝

彩图 7-34　营养不良的鳟鱼

彩图 7-35　患萎瘪病的鲢鱼背部

彩图 7-36　患跑马病的虹鳟鱼

高效池塘养鱼

占家智　羊　茜　编著

机械工业出版社

本书全面介绍了池塘养鱼的特色、池塘养殖鱼类的生长特性、鱼类对池塘的生态环境要求、池塘的施肥技术、池塘养鱼的人工繁殖、池塘鱼类苗种的培育、饲料的供应与科学投喂、水质的管理、各种饲养方法、疾病的防治等养殖的各个环节及关键技术。

本书图文并茂，内容新颖实用，可供广大池塘养鱼的养殖户、技术人员学习和使用，也可作为新型农民创业和行业技能培训的教材，还可供水产相关专业师生阅读参考。

图书在版编目（CIP）数据

高效池塘养鱼/占家智，羊茜编著．—北京：机械工业出版社，2015.9
（2023.4重印）
（高效养殖致富直通车）
ISBN 978-7-111-51052-9

Ⅰ.①高…　Ⅱ.①占…②羊…　Ⅲ.①池塘养鱼　Ⅳ.①S964.3

中国版本图书馆 CIP 数据核字（2015）第 177647 号

机械工业出版社（北京市百万庄大街22号　邮政编码100037）
总 策 划：李俊玲　张敬柱　　　　策划编辑：郎　峰　高　伟
责任编辑：郎　峰　高　伟　石　婕　版式设计：霍永明
责任校对：张　力　　　　　　　　责任印制：张　博
保定市中画美凯印刷有限公司印刷
2023 年 4 月第 1 版第 14 次印刷
140mm×203mm·8 印张·4 插页·227 千字
标准书号：ISBN 978-7-111-51052-9
定价：29.80 元

高效养殖致富直通车
编审委员会

序

　　改革开放以来，我国养殖业发展非常迅速，肉、蛋、奶、鱼等产品产量稳步增加，在提高人民生活水平方面发挥着越来越重要的作用。同时，从事各种养殖业也已成为农民脱贫致富的重要途径。近年来，我国经济的快速发展为养殖业提出了新要求，以市场为导向，从传统的养殖生产经营模式向现代高科技生产经营模式转变，安全、健康、优质、高效和环保已成为养殖业发展的既定方向。

　　针对我国养殖业发展的迫切需要，机械工业出版社坚持高起点、高质量、高标准的原则，组织全国20多家科研院所的理论水平高、实践经验丰富的专家学者、科研人员及一线技术人员编写了这套"高效养殖致富直通车"丛书，范围涵盖了畜牧、水产及特种经济动物的养殖技术和疾病防治技术等。

　　丛书应用了大量生产现场图片，形象直观，语言精练、简洁，深入浅出，重点突出，篇幅适中，并面向产业发展需求，密切联系生产实际，吸纳了最新科研成果，使读者能科学、快速地解决养殖过程中遇到的各种难题。丛书表现形式新颖，大部分图书采用双色印刷，设有"提示""注意"等小栏目，配有一些成功养殖的典型案例，突出实用性、可操作性和指导性。

　　丛书针对性强，性价比高，易学易用，是广大养殖户和相关技术人员、管理人员不可多得的好参谋、好帮手。

　　祝大家学用相长，读书愉快！

中国农业大学动物科技学院

前　言

　　我国池塘养殖历史悠久，至少可以追溯到三千多年前的殷商时期。新中国成立以来，我国的水产业发展很快，尤其是改革开放后的几十年，我国渔业崛起的速度令世人瞩目，池塘养鱼尤其是精养鱼池的养殖更是发展迅速。池塘养鱼是一个系统工程，对养殖的各个环节，如池塘的改造与清整、苗种的培育、亲鱼的培育与繁殖、饲料的供应与科学投喂、疾病的防治、水质的管理、各种饲养方法的探索等都有一定的要求。我们在多年的池塘养殖生产中，深知广大养殖户对池塘养殖技术的渴求，深刻体会到渔业生产中出现的各种问题对养殖效益带来的影响，因此，我们结合自身的实践经验，并向一些"土专家"请教，编写了本书，也希望它能成为广大养殖户提高池塘养殖效益的致富"宝典"。

　　需要特别说明的是，书中所用药物及其使用剂量仅供读者参考，不可照搬。在生产实际中，所用药物学名、常用名和实际商品名称有差异，药物浓度也有所不同，建议读者在使用每一种药物之前，参阅厂家提供的产品说明以确认药物用量、用药方法、用药时间及禁忌等。购买兽药时，执业兽医有责任根据经验和对患病动物的了解决定用药量及选择最佳治疗方案。

　　本书所介绍的养殖技术可靠、实用性强、可操作性强，可供广大池塘养鱼的养殖户和技术人员学习使用，也可作为新型农民创业和行业技能培训的教材，还可供水产相关专业师生阅读参考。

　　由于编者的水平有限，在编写中难免会有一些错误和不足之处，恳请读者朋友批评指正！

编　者

目 录

第三章　池塘养鱼的人工繁殖

第四章　池塘鱼苗、鱼种的培育

第五章 鱼苗、鱼种的运输

第六章　池塘养殖成鱼

第七章　鱼病防治

第八章　池塘养鱼实例

附　录　常见计量单位名称与符号对照表

参考文献

第一章
概　　述

鱼类养殖主要由池塘养殖、水库养殖、稻田养殖和河道养殖四部分构成。池塘养鱼具有专业化程度高、产品商品率高、养殖面积相对较小、人为可控性极强、污染较小、便于管理的优点，是我国内陆水域中渔业发展最主要的方式，也是我国目前最重要的渔业生产方式。因此大力发展池塘养鱼，不断提高池塘养鱼的产量和养殖效益，是推动我国水产养殖业再上新台阶，促进渔业产业化和产品商品化的主要措施，发展前景十分广阔。

第一节　池塘养鱼的特色及鱼类的生长特性

一　我国池塘养鱼的特色

鱼类养殖已成为我国水产品增长的主要途径，我国池塘养鱼在长期的发展过程中，根据本国水产特点，形成了自己独有的特色。

一是根据池塘的生态特点，选用生长快、肉味美、食物链短、适应性强、饲料容易解决、苗种容易获得的鱼类作为我国的主要养殖鱼类。这些鱼类包括鲢鱼、鳙鱼、草鱼、青鱼、鲤鱼、鲫鱼、鲂鱼、鳊鱼、鲮鱼等，这些养殖鱼类由于具有上述特点，养殖的成本低、收入高、经济效益显著，非常适合我国广大农村的池塘养殖。

二是在解决鱼用饲料和肥料方面，充分利用当地天然饵料资源和某些有机肥料（如禽、畜粪便）及农副产品加工后的废弃物（如糠、饼、麸、糟类）作为养殖鱼的饲料和肥料。同时大力推广应用颗粒饲料，主要是浮性颗粒饲料的大量应用，极大地开拓了大面积池塘养殖的饲料来源，提高养殖效益。

三是在养殖模式上不仅采用单一品种的高产养殖模式，更多的则是采用立体混养的模式，就是在同一水体中混养多种鱼类。这是我国劳动人民在长期的生产实践中探索、积累的生产经验，是利用各种鱼类不同的生活习性、食性和栖息水层等生物学特性，按食性和栖息水层合理搭配、立体放养不同鱼类的养殖方法。它可以充分利用不同鱼类之间的互利作用和不同水层的饵料，最大限度地利用养殖水体的生产潜力。

四是在池塘养鱼的经营模式上采用综合养鱼的方式，也就是在养殖上采用以鱼为主，渔、农（经济农作物、中药材、蔬菜、花卉、果树等）、牧（畜、禽养殖）三业配套；在经营上，贸、工（农副产品加工工业）、渔三业联营。通过综合养鱼，将池塘养鱼与种植业、畜牧业、加工业及环保、营销等行业有机地结合起来，构成水陆结合的复合生态系统。通过这种有机结合，强调食物链的多级、多层次反复利用，不仅合理利用了资源，提高了能量利用率，而且循环利用废物，避免了环境污染，保持了养殖业的生态平衡，也大大增加了水产品及其他动植物蛋白质的供应量，降低了成本，提高了经济效益（彩图 1-1）。

二 池塘主要养殖鱼类的生长特性

1. 草鱼（彩图 1-2）

草鱼又名乌青、草鲩、猴子鱼、白鲩、草棒、草包、鲩鱼。草鱼体长，略呈圆筒形，腹圆，无腹棱；头钝平，无口须，两侧咽齿交错相间排列，能切断草类；眼较小；鳞大而圆，背面为青灰色；体茶黄色，背方及头部的颜色较深，腹部白色，胸鳍、腹鳍橙黄色，背鳍、尾鳍呈灰色，每一鳞片有黑色边缘。

草鱼分布于我国大部分地区的淡水水域中，是生长非常迅速的一种较大型的经济鱼类，也是池塘里进行养殖的主要品种之一。栖息于水的中下层和靠近岸边、水草较多的地带，只有夜间，它们才大胆地到水上层和岸边进行摄食活动。

2. 青鱼（彩图 1-3）

青鱼又名青鲩、螺蛳青、乌鲭、黑鲩、青根鱼。青鱼体较大，长筒形，尾部稍侧扁；头顶宽平；口端位，呈弧形，上颌稍长于下颌；吻比草鱼尖，无须；眼位于头侧正中；鳃耙稀而短小；下咽齿呈臼齿状，咽部有坚实的臼状齿，适于压磨食物，能咬碎螺蛳的硬壳；体被大、圆鳞；侧线在腹鳍上方一段微弯，后延伸至尾柄的正中；背鳍短，无硬刺；体青灰色，背部尤深，腹面灰白色，各鳍均为灰黑色。

青鱼是我国常见的鱼类，是半洄游性的近底层鱼类，也是生长非常迅速的一种较大型经济鱼类，是池塘里进行配养的品种之一。青鱼以底栖生物为食，经常在水的下层活动，一般不游到水面。在人工饲养的条件下也吃豆饼、蚕蛹、菜籽饼、酒糟等动、植物性饵料。

3. 鲢鱼（彩图 1-4）

鲢鱼又名白鲢、鲢子、水鲢、家鱼、白胖头。鲢鱼体侧扁，稍高；头较大，约为体长的1/4；口宽大而斜，位于前端；下颌稍向上突出，吻短钝而圆；眼小，鳞细小而密；侧线明显下弯，背部较圆，腹部较窄，自胸鳍至肛门有腹棱突出；尾鳍深叉形；体背部为灰色，两侧及腹部银白色，各鳍均为灰白色。

鲢鱼个体大，生长迅速，是我国主要的淡水养殖鱼类之一，也是池塘养鱼中最主要的养殖鱼类之一。鲢鱼通常在池塘的上层活动，吃食时把水中的浮游生物连水一块喝进，靠鳃的过滤作用，把水中的浮游生物挡住，所以又称它为"肥水鱼"。

4. 鳙鱼（彩图 1-5）

鳙鱼又名花鲢、麻鲢、黑鲢、大头鲢、胖头鱼、大头鱼。鳙鱼外形似鲢，体侧扁而厚，较高；头极大，约为体长的1/3，头前部宽阔；口大，端位，吻宽而圆，下颌向上微翘；眼较小，口有咽齿；鳃孔宽大，鳃盖膜很发达，鳃耙细密；鳞细小而密，有腹鳞，侧线弧形下弯；尾鳍叉形；体背面及两侧面上部微黑，两侧有许多不规则的黑色斑点或黄色花斑，腹面灰白色，各鳍均为浅灰色；胸鳍末端超过腹鳍基底，这点可与鲢鱼进行区分。

鳙鱼是优良的淡水养殖品种，分布于我国大部分地区的淡水水域中，是池塘养鱼中配养的鱼类之一。鳙性温驯，不爱跳跃，行动迟缓，生活在水体中层。冬季入深水处越冬。鳙鱼为滤食性鱼，以吃浮游生物为主，主要吃轮虫、枝角类、桡足类等浮游动物，也吃部分浮游植物和人工饲料。捕捞时不跳跃，遇水流也不易潜逃，易捕获。

5. 鲤鱼（彩图 1-6）

鲤鱼又名拐子、红鱼、花鱼、赤鲤、龙鱼。鲤鱼体长，略侧扁，背部在背鳍前稍隆起；头大，眼小，口下位或亚下位，有 2 对须（其中 1 对是吻须，较短，吻骨发达，能向前伸出；1 对是颌须，其长度为吻须的 2 倍，以拱食水底泥中食物）；腹部圆；鳞片大而圆；侧线明显，背鳍长，其起点至吻端比至尾鳍基部近；臀鳍短；背面为灰黑色，腹面为浅黄色。尾鳍分叉，呈深叉形，下叶为红色。

鲤鱼适应性强，生长迅速，可在各类水域中生活，对水体的要求不高，在活水、静水、沟渠池塘水中均可生活，是池塘养鱼中最常见的鱼类之一，也是我国最早养殖的对象。体长 20 ~ 30cm，最大单体重可达 60kg。全年均有生产，以春秋两季产量较高。

由于鲤鱼的生长速度较快，食物容易解决，而且环境的适应能力很强，因此对鲤鱼新品种的研究、发掘和推广的力度较大。人们在长期的生产实践中，培育出近 20 个鲤鱼的品种，如镜鲤、红鲤、荷包红鲤、西鲤、华南鲤、团鲤、丰鲤、中州鲤、荷元鲤、芙蓉鲤、岳鲤、颖鲤、全雌鲤、建鲤、三元杂交鲤、黄河鲤等，它们的杂交子一代均有杂种优势，生长速度都比亲本快得多。

6. 鲫鱼（彩图 1-7）

鲫鱼俗称喜头鱼、鲋鱼、鲫壳、鲫瓜子、佛鲫等。鲫鱼一般体长 15 ~ 20cm；体型略小，侧扁而高，体较厚，腹部圆；眼大，口位于前端；头短小，吻钝；无须；鳞片大；侧线微弯，背鳍长；一般体背面青褐色，腹面银灰色，各鳍条灰白色。因生长水域不同，体色深浅有差异，色泽由背部的灰色逐渐过渡到腹部的灰白色。鲫鱼是一种生长较慢的中小型鱼类，1 冬龄鱼体长 5cm，2 冬龄鱼体长 10 ~ 14cm，3 冬龄鱼体长达 18cm。雌雄鱼个体的生长速度不同，随着年龄增大，雌鱼的生长速度比雄鱼快。在不同水域中的鲫鱼生长有明显差异。

在自然情况下，生活在不同水域的鲫鱼，其性状都有一定的变化和分化，形成鲫鱼的地方种或经人工选育形成各种优良品种。从鱼类生长看，可将鲫鱼分为两类：一类是低体型，体高为体长的40%以下，通常生长缓慢，主要有野鲫等。另一类是高体型，体高为体长的40%以上，生长较快。我国人工养殖的鲫鱼都属高体型，主要有银鲫（包括黑龙江银鲫、方正银鲫、异育银鲫、松浦鲫等）、白鲫、彭泽鲫、淇河鲫、滇池鲫、龙池鲫等。

7. 鳊鱼、鲂鱼

鳊鱼、鲂鱼为中型鱼类。

长春鳊体高而侧扁，侧视略呈菱形；头小，头后背部隆起；口端位，口裂斜，上颌稍长；体色青灰，头部及背部颜色较深，腹部灰白色，各鳍浅灰色。

长春鳊一般栖息于水体中上层，秋冬则活动于中下层；喜欢活动于水草繁茂的地方；草食性，主要吃藻类和水草；一般2龄性成熟，产卵期在5～7月。鳊鱼是中型鱼类，常见个体重为0.25kg左右，最大个体可达1.5kg，主要分布于长江和黑龙江流域等地。

三角鲂（彩图1-8）体高，侧扁，头小，呈菱形，背鳍高耸，头尖尾长，从侧面看近似三角形。其外形特征与长春鳊基本相同，主要分布于长江和黑龙江流域及广东等地。产卵期在5月初～6月底，一般体重为1kg，大者可达3kg，肉味鲜美。它以草食为主，主要食物有苦草、壳菜、轮叶黑藻、丝状绿藻及植物碎屑等。它喜欢生活在有沙砾、石块、生有大量淡水壳菜和其他水下植物的硬质河床底部，冬季则群集于最深的沟缝、洞穴或坑塘中越冬。

团头鲂（彩图1-9）外形和长春鳊、三角鲂相似，体型侧扁，侧视呈菱形；头尖口小，上下颌等长；腹面自腹鳍基到肛间有明显的腹棱；体色青灰色或深褐色，两侧下部灰白色，具有纵走的暗色条纹；体鳞较细密。其与长春鳊、三角鲂的主要区别在于：体更高，吻较圆钝，口裂较宽，上下颌角度小，背鳍硬刺短，胸鳍较短，尾柄较高而短，体呈灰黑色，体背部略带黄铜色泽，背部显著隆起，呈菱形，口宽，各鳍青灰色，体侧每个鳞片后端的中部黑色素稀少，整个体侧呈现出数条灰白色的纵纹。鳞片基部为灰黑色，边缘较浅。

团头鲂分布于我国长江中下游及其附属湖泊中，以湖北省梁子湖所产为最著名，近年已被移植到各地天然水域中，是中型的优质经济鱼类，也是我国常见的鱼类。它常栖息在水体的中上层，以水草、旱草和水生昆虫为食，2龄可达性成熟，5~6月产卵繁殖，卵呈黏性。它是我国水产科学家在20世纪50年代，从野生的鳊鱼群体中，经过人工选育，杂交培育出的优良养殖鱼种之一。因其生长迅速、适应能力强、食性广、成本低、产量高，备受广大产养殖户的青睐，当然也成为主要的养殖对象之一。

第二节　养殖鱼类对池塘生态环境的要求

鱼类对池塘环境的适应性强是进行池塘养殖成功的主要标准之一，我们所进行养殖的各种鱼类，只有对池塘的生态环境，包括水温、溶氧、盐度、pH、水质等具有广泛的适应性，才能保障它们在我国绝大部分地区的池塘中能够养殖，这是进行高密度饲养的基础，也是取得较高的经济效益和社会效益的前提。

纵观我们在池塘里进行养殖的主要鱼类，它们对池塘环境的要求如下。

一　水温

水温是对池塘养鱼起决定性作用的一个生态条件，适合在我国各地池塘中养殖的主要鱼类，如鲢鱼、鳙鱼、青鱼、草鱼、鲤鱼、鲫鱼、鳊鱼、鲂鱼等都是广温性鱼类。也就是说，它们对温度的适应能力是非常强的，即使水温的变化幅度较大它们也能生存，这些鱼类在1~38℃的水温中都可以存活下来，但适宜它们生长的温度为20~32℃，其中繁殖最适温度为22~28℃。

> ● 【提示】　鱼类是变温动物（也就是所谓的冷血动物），水温对鱼类的摄食强度和生长发育都有重要影响。在适温范围内，池塘内的水温升高对养殖鱼类摄食强度会有显著的促进作用，对它们的新陈代谢活动也有明显促进作用；而水温降低，鱼体的新陈代谢水平也降低，导致它们食欲减退，生长速度也减慢。

二 溶氧

就像人需要呼吸空气中的氧气一样，水中溶解氧的含量则是鱼类及其他饵料生物生存和生长发育的主要环境因素之一，在池塘高密度养殖时更显示出溶氧的重要性，没有一定的溶解氧，也就无法取得池塘养殖的成功。

在池塘中进行养殖的几种鱼类的正常生长发育都要求水中有充足的溶解氧，根据养殖的实践和研究表明，它们最适的溶氧量为 5mg/L，正常呼吸所需要的溶氧量一般要求不低于 3.4mg/L，1.5mg/L 左右的溶氧量为警戒浓度，降至 1mg/L 以下就会造成鱼窒息死亡。当水中的溶氧量低于鱼类呼吸需求（即警戒浓度）时，鱼类的呼吸作用机制受到阻碍，体内的氧气得不到充分及时的供应。为了获取必需的氧气来维持各种生理功能，鱼类的被动呼吸运动加强，呼吸频率加快，而由于水体内可供利用的氧气不足，鱼类就会上浮到水面，把头拼命伸出水面，从空气中呼吸氧气，这就是鱼类的浮头现象。当溶氧量进一步低于鱼类所能耐受的范围时，就会引起窒息死亡，也就是我们养殖中所说的泛塘。

另一方面，在适宜的范围内，在池塘中养殖鱼类的摄食强度都会随溶氧量的增加而增强，尤其是当水体中的溶氧量在 1.5 ~ 4.0mg/L 之间时，摄食强度增加最迅速。

⚠【注意】 在进行池塘养殖时，可通过增氧机的增氧作用、水草的光合作用等来提高水体的溶氧量，至少保证溶氧量达到 3.4mg/L 以上，才是池塘养鱼高产高效的基础。

概述 第一章

三 盐度

我国内陆在池塘中养殖的鱼类基本上都是淡水鱼类，适宜生活在盐度为 0.5‰以下的水体中。当然在沿海地区也可以利用高位池进行一些海水鱼的养殖，这时池塘的盐度就比较高，有的可以达到 35‰。

即使是淡水鱼，所承受的盐度也不是一成不变的，由于长期的适应性也会导致它们对盐度的变化有一定的适应能力，如鳙鱼的幼鱼能

7

适应盐度为 5‰~6‰的咸淡水，成鱼能适应 8‰~10‰的咸淡水。

四 pH

pH 也就是水的酸碱度，表明池塘里适宜鱼类的养殖与生存的酸碱环境，pH 为 7 时，我们就人为地定义水体为中性水体，高于 7 时则称为碱性水体，低于 7 时则称为酸性水体。我们经常养殖的经济鱼类对池塘里的 pH 是有一定要求的，这是因为 pH 对鱼类会产生直接或间接的影响。

在我国池塘养殖中的主要鱼类适宜的 pH 为 6.8 ~ 8.8，其中最适范围为 7.5 ~ 8.5，也就是说它们在微碱性的水中生长最好；如果池塘水体的 pH 长期处于 6.0 以下（强酸）和 10.0 以上（强碱）的水中，鱼类的生长会受到抑制，新陈代谢功能受到影响，甚至会直接导致死亡。另一方面，不同的鱼类对池塘水体的 pH 变化也有较大的适应能力，而且它们的适应能力也不完全相同，如青鱼、草鱼、鲢鱼、鳙鱼 pH 的适应范围为 4.6 ~ 10.2；而鲤鱼 pH 的适应范围为 4.4 ~ 10.4。

五 肥水

水和土地一样，有肥有瘦。所谓水的肥度，就是水的肥瘦程度，主要以水中作为鱼类饵料的浮游生物的含量多寡而定。浮游生物本身带有色泽，它在水中数量的多少又直接影响阳光在水中的穿透能力。

在池塘中养鱼时，由于是高密度养殖，池塘里的天然饵料远远不能满足鱼类的摄食需求，因此需要不断地投喂各种饲料，这些饲料不可能完全被鱼类摄食，那些没有被鱼类完全摄食的饲料就会沉积在水底。此外，高密度养殖条件下鱼类的数量众多，它们的排泄物也很多，这些排泄物和未被摄食的饲料会腐烂，加上一些水草及其他水生生物的尸体等都会腐烂，就会诱使一些浮游生物大量繁殖，导致水体变肥。因此可以说，在池塘中养鱼，肥水是这些鱼类必须接受的一个事实。

当然，由于这些养殖鱼类自身的食性等生物学特点不同，因此它们对水质肥瘦的要求也不同。例如草鱼、团头鲂、鳊鱼、青鱼、鲤鱼、鲫鱼等，尽管它们对肥水有一定的适应能力，但从生长性能看，它们都要求较清瘦的水质，如果池塘水体较肥时，就会使鱼类容易患病。其中，而鲢鱼、鳙鱼非常喜欢肥水，适应于浮游生物和腐屑多的肥水环境，其中，鳙鱼比鲢鱼有更强的耐肥力，它们都是典型的肥水鱼。

其中，青鱼对肥水的适应能力比草鱼强；鲤鱼、鲫鱼对肥水的适应能力则比青鱼更强。

> **【提示】** 我们在发展池塘养殖时，就要考虑到这些因素，适当进行多品种混养，合理搭配鲢鱼、鳙鱼等肥水鱼，尽可能控制水体的肥瘦度。

六 透明度

水的透明度就是阳光在水中的穿透程度。透明度的大小，是由水中浮游生物和泥沙等微细颗粒物质的含量所决定的。一般地说：夏秋季节，浮游生物繁殖快，水体透明度低；冬春季节，浮游生物生长受到抑制，甚至死亡沉入水底，水体透明度高；刮风下雨天气，水中有波浪、泥沙随水流带入水体或底泥上泛时，透明度低；无风晴朗天气，水面平衡，水中透明度就高。而在一定的季节内和水中泥沙等颗粒物不多的情况下，水体的透明度又主要取决于水中浮游生物的含量。因此，在正常情况下，透明度的大小直接反映了池塘水体的肥瘦程度。

> **【提示】** 在精养鱼池中，可根据透明度的大小及日变化和上、下风的变化来判断池塘水质的优劣。如肥水池透明度一般在 25~40cm，其日变化和上、下风变化大，表明水中溶氧条件适中，鱼类易消化的藻类多。透明度过大，表明水中浮游生物量少，水质清瘦，有利于非滤食性鱼类的生长，但不利于滤食性鱼类的生长；透明度过小，表明水中有机物过多，池水耗氧因子过多，上下水层的水温和溶氧差距大，水质容易恶化。

七 水色与水质

水色就是指池塘里水体的颜色，池水反映的颜色由水中的溶解物质、浮游生物、悬浮颗粒、天空和池底色彩反射以及周围环境等因素综合而成。例如富含有钙、铁、镁盐的水呈黄绿色；富含溶解腐殖质的水呈褐色；含泥沙多的水呈土黄色而浑浊等。但是精养池塘的水色主要是由池中繁殖的浮游植物而造成的，由于各种浮游植物细胞内含有不同的色素，当浮游植物繁殖的种类和数量不同时，便使池水呈现不同颜色与浓度，而水体中鱼类易消化的浮游植物的种群和数量的多少直接反映水体的肥瘦程度。因此，在养鱼生产过程中，很重要的一项日常管理工作便是观察池塘水色及其变化，以便大致了解浮游植物的繁殖情况，据此判断水质的肥瘦与好坏，从而采取相应的措施，施肥或注水，以保证渔业生产顺利进行。在这方面，我国渔民积累了看水养鱼的宝贵经验，即"根据水色来判断水质优劣"的丰富经验。一种浮游生物大量繁殖，形成优势种，甚至产生"水华"，就反映了该优势种所要求的生态类型。"水华"是淡水中的一种自然生态现象，绝大多数的"水华"是由蓝藻、绿藻、硅藻等藻类引起的，也有部分"水华"现象是由腰鞭毛虫这种浮游动物引起的。"水华"发生时，水呈蓝色或绿色，水中的溶解氧几乎为零，鱼虾无法生存，给渔业生产造成极大的危害。池塘常见水质类型，见表1-1。

表1-1 池塘常见水质类型

判断依据		水质类型			
		瘦水	肥水	老水	优质水华水
水色		浅绿色	黄褐色	灰蓝色	红褐色水中具蓝绿色或酱红色水华
透明度	日变化深度/cm	无 ≥80	大 25~40	小 20~25	最大 20~40
溶氧/(mg/L)	正常天气	接近饱和	低峰值>2	低峰值为1左右	低峰值为1左右
	昼夜垂直变化	不明显	明显	明显	十分显著

（续）

判断依据		水质类型			
		瘦水	肥水	老水	优质水华水
有机耗氧/（mg/L）		<10	15~30	25~40	25~55
浮游生物量/（mg/L）		<8	32~130	80~240	130~400
优势种	浮游动物	种类多，数量少	臂尾轮虫、晶囊轮虫	种类、数量均少	种类、数量均少
	浮游植物	水绵、刚毛藻等丝状藻类	隐藻、小环藻、绿球藻等	微囊藻、颤藻、绿球藻、十字藻等	蓝绿裸甲藻、膝口藻、隐藻等

　　根据多年来渔民看水养鱼总结出的宝贵经验，肥水应具有"肥、活、嫩、爽"的表现。

　　1）"肥"就是浮游生物多且鱼类易消化的种类的数量多。渔农常用水的透明度的大小来衡量水的肥度，或以人站在上风头的池塘埂上能看到浅滩四五寸（13~15cm）水底的贝壳等物为度，或以手臂伸入水中五六寸（16~20cm）处弯曲五指时手指若隐若现作为肥度适当的指示，这样相当于有25~35cm的透明度和20~50mg/L的浮游植物量。

　　2）"活"就是水色和透明度常有变化，水色不死滞，随光照和时间不同而常有变化，这是浮游植物处于繁殖旺盛期的表现，渔农所谓"早青晚绿"或"早红晚绿"及"半塘红半塘绿"等都是这个意思。观测表明，典型的活水是膝口藻水华，这种鞭毛藻类浮游生物游动较快，有显著的趋光性，白天常随光照强度的变化而产生垂直或水平游动，清晨上下水层分布均匀，日出后逐渐向表层集中，中午前后大部分集中在表层，后又逐渐下沉分散，9：00和13：00的透明度可相差7cm，当这种藻类群聚于鱼池的某一边或一隅时，就出现所谓"半塘红半塘绿"的情况。渔农看水时，不仅要求水色有日变化，还要求每十天、半个月常有变化，因此"活"还意味着藻类种群处在不断被利用和不断增长的状态，也就是说池塘中的物

第一章　概述

11

质循环处于良好状态。

3）"嫩"就是水色鲜嫩不老，也是易消化的浮游植物较多，细胞未衰老的表现。如果蓝藻等难消化的种类大量繁殖，水色呈灰蓝色或蓝绿色，或者浮游植物细胞衰老，均会降低水体的鲜嫩度，形成"老水"。所谓老水主要有两种表象：①水色发黄或发褐，这是藻类细胞老化的现象，广东渔民所称的老茶水（黄褐色）和黄蜡水（枯黄带绿）也属于此类；②水色发白，主要是蓝藻特别是极小型蓝藻滋生的一种表象，这种水的特点是 pH 很高（pH 为 9 以上）和透明度很低（通常低于 20cm），水色发白是二氧化碳缺乏而使碳酸氢盐不断形成碳酸盐粉末的现象，与此同时，pH 的升高促进了蓝藻的生长，渔农遇到老水时，常用氨水加塘泥或大粪水或石灰水拌塘泥全池泼洒。

4）"爽"就是水质清爽，水面无油膜，混浊度较小，水中含氧量高，透明度不低于 25cm。渔农所谓"爽"的肥水，浮游植物量一般均在 100mg/L 以内。

在肥水的基础上，浮游生物大量繁殖，形成带状或云块状水华。水华是水域物理、化学和生物特性的综合反映。其实水华水是一种超肥状态的水质，一种浮游植物大量繁殖形成水华，就反映了该种植物所适应的生态类型及其对鱼类的影响，若其继续发展，则对养鱼有明显的危害。因而水华水在水产养殖中应加以控制，人们总是力求将水质控制在肥水但尚未达到水华状态的标准上，但是，另一方面水华却能比较直观地反映浮游生物所适宜的水的理化性质、生物特点及它对鱼类生长、生存的影响与危害。加上水华看得清、捞得到、易鉴别，因而可以把它作为判断池塘水质的一个理想指标（表1-2）。

⚠ 【注意】 池塘里的水色并不是一成不变的，事实上，在渔业生产过程中，这几种水体常常相互转化。当肥水中浮游植物进一步增加，则易形成水华水，相反，如果水体中浮游植物含量过少或不易消化的浮游植物数量多，会形成瘦水或不好的水。

表 1-2　池塘常见指标生物和水华种类与水质的关系

水色	日变化	水华的颜色和形状	优势种群	主要出现季节	水质优劣与评判	备注
红褐色	显著	蓝绿色云块状	蓝绿裸甲藻	5~11月	高产池、典型优良水质	积极培育并保持这种优良水质，以获取高产，一旦水质有恶化趋势立即处理
	显著	棕黄色云块状	光甲藻	5~11月		
	显著	草绿色云块状，深时呈黑色	膝口藻	5~11月		
	显著	酱红色云块状	隐藻	4~11月		
红褐色	有	翠绿色云块状	实球藻	春、秋	肥水、一般	在勤换水的基础上，配合施加无机、有机肥混合肥，以改良藻类的优势种群
黄褐色	有	姜黄色水华	小环藻	夏、秋	肥水、良好	
黄褐色	不大	红褐色丝状水华	角甲藻	春	较瘦水质	
深褐色	有	表层墨绿色油膜，性黏发泡	衣藻	春	肥水、良好	
深绿色	有	碧绿色水华，下风具墨绿色色油膜	眼虫藻	夏	肥水、一般	
油绿色	有	下风表面具红褐色或烟灰色油膜，性黏	壳虫藻	5~11月	肥水、一般	
油绿色	不大	无水华、无油膜	绿球藻	5~11月	较老水质	
铜绿色	不大	表层铜绿色絮状水华，颗粒小、无黏性	微囊藻、颤藻	夏、秋	"湖淀水"，差	加大换水的力度、勤施追肥、量少次多，以有机肥、无机肥混合施用效果最佳
豆绿色	不大	表层豆绿色絮状水华，颗粒大、无黏性	螺旋颤圈藻	夏、秋	肥水、良好	
浅绿色	无	表层具铁锈色油膜，性黏	血红眼虫藻	夏、秋	"铁锈水"，瘦水，差	
灰白色	无	无	轮虫	春	"白沙水"，良好，但鱼易浮头	

八 池水流动对鱼类生长和生存的影响

池塘水体的流动对提高养殖效益是非常有利的，主要体现在以下几个方面：一是池塘表层水接触空气，溶解氧较丰富，通过池塘水体上下的不断流动，可以将溶氧较高的上层水输送到池塘的中下层直至底泥中，使下层水的溶氧得到补充，改善了池塘下层水的氧气条件，为底层鱼的生长发育提供了丰富的氧气；二是通过水流的运动，加速了下层水和塘泥中的有机物氧化分解，从而加速池塘物质循环强度，提高池塘的生产力；三是通过水体的流动，可以及时将池塘里过多的有机物排放出池塘，对改善水质具有重要作用；四是通过水体的流动可以适当增加池塘的养殖密度，一般可提高密度10%左右。

但是，如果在夜间发生池水流动时，由于中下层水的耗氧因子多，浮游植物和高等水生植物的光合作用无法进行，致使夜间池塘里的实际耗氧量增加，使水体中的溶氧很快下降。这就加速了整个池塘溶氧的消耗速度，容易造成池塘缺氧，引起鱼类浮头，甚至窒息死亡。

【提示】 一定要注意对池塘进行换冲水时最好放在晴天的白天进行。同时为了防止鱼类浮头，可在晴天中午开动增氧机，从而使上下水层的溶氧、温度和营养盐类进行上下流动，既改善了池塘水质，又防止了鱼类浮头，也促进了池塘物质循环。

第二章
池塘施肥

池塘施肥的目的就是在于不断补充池塘物质循环过程中由于捕获鱼产品所造成的损失，增加水体中各种营养物质的含量，保持和促进池塘物质循环能力，促进饵料生物的大量繁殖，保证水体最大限度的生产力，即获得较高的鱼产量。

第一节　池塘施肥的作用

简单地说，施肥具有提高单位鱼产量、增加水体鱼载量、提高经济效益的作用，这也是广大养殖户所追求的结果。

一　池塘物质循环

池塘作为一个生态系统，时刻进行着复杂的物质循环过程。实际上池塘物质循环过程中生物之间的关系并不是简单的单一食物链关系，而是由多条食物链交错组成的复杂的食物网络关系。即物质循环的基础——溶解于水体中的无机物（氮、磷、钾、钙、镁、铁、硅等盐类），被水生植物、附生藻类及自养细菌（主要是浮游植物）吸收、同化、利用后而转化为构成生物体组织的有机物，这类生物是制造有机物质的生产者；低等藻类和细菌被浮游动物、底栖动物等低等水生动物及鱼类所摄食，一部分有机物被氧化而使动物获得能量，另一部分有机物则转化为动物性蛋白质，这类生物是属于有机物的消耗者，然后有机物经过若干环节，最后又分解为简单的无机物；这些无机物又被其他生物同化、利用后转化为新的有机物，其中浮游植物作为浮游动物、底栖动物及某些鱼类的饵料，使浮游动物、底栖动物得以生长繁殖，而其本身又为鱼类所摄食，鱼类是池塘中食物链的最后一环。由此可见，池塘中从简单的无机物通过各个食物链转化为复杂的有机物，复杂的有机物又被各类生物利用，又转化为简单的无机物，这种物质在生物与环境之间不停地循环往复的过程，称为池塘物质循环，两者构成了一个相互依存的统一体。物质循环孕育了水中的生物，反过来，水中的生物又是水环境的积极改造者。

在池塘养殖时，需要人工投喂大量草类和商品饲料，鱼类的粪便与残饵形成大量有机碎屑，这些碎屑附生大量微生物后，形成腐屑。它们是大多数养殖鱼类（除肉食性鱼类外）的良好饵料。在池塘中，腐屑作为滤食性鱼类的饵料，其比例为 60% ~ 90%。因此腐屑食物链在池塘物质循环和能量流动方面起重要作用。但不论池塘实际的物质循环如何复杂，它们的基础都是溶解无机盐和二氧化碳，物质循环的速度则受太阳能的强弱、无机盐和二氧化碳的含量所制约。

图 2-1 是池塘中生物间的物质循环及相互关系示意图。这个图解只是概括地表示水体中的物质循环，实际情况比它复杂得多。这个物质循环过程也就是池塘中饵料生物的形成过程，最后引向池塘鱼类的生产。这是在鱼类自生自灭的情况下的循环图，实际上渔业生产中，鱼类作为商品起捕进入市场流通，无形中带走了水体中的氮、磷、钾、钙等元素，而施肥则是向池塘中施加这些元素，以补充池塘中部分元素的流失，从而保证池塘中物质循环的动态平衡过程。

二 能量流动

维持和延续生命活动是需要能量的。在地球上，除核能外，一切能量直接或间接地都来自太阳。入射到水体中的太阳光能，少量储存在水体中维持水温；少部分光能被水面反射到大气层中；大部分主要靠多种水生植物，特别是浮游植物捕集，在部分无机物的参与下，经过光合作用转化为有机物中的化学能，储藏于植物体内，然后能量随着有机食物，沿食物链或食物网，依次由一个营养级到下一个营养级向下流动，使那些生物得以生存和发展。其中植物把

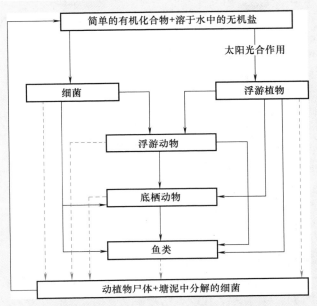

图 2-1 池塘中生物体间的物质循环及相互关系示意图
（虚线表示生物尸体及其排泄物）

光能转变为化学能的作用，是能量流动的起点，是水中其他生物生存发展的基础，因而得名"初级生产"或"基础生产"，浮游植物被称为生产者生物。自然界中营养级之间的能量转移效率一般为10%，通常称为"百分之十规律"。很显然，一旦水体能量流动机能受阻、受损、效益不高时，养殖生产就难以正常进行。

　　在这个"能量流动"中做出突出贡献的是美国的生物学家林捷曼，1942年他在毕业论文中提出一个10%的转化规律，他在非常广泛的文献基础上提出这个概念，就是说食物链中每经过一个环节，有机物能量平均约10%可以被利用转化并参与下一营养级。（其余90%的能量在整个生态系统中并未消失，而是变为腐屑或其他物质，这些腐屑或其他物质又能够被利用，参与生态系统中下一个物质循环和能量流动）。

根据他的理论，如果有 100g 的浮游植物，就能够产生 10g 的浮游动物；那么这 10g 的浮游动物被鱼直接食用后仅产生 1g 的鱼肉。他提出的这个概念得到科学界很高的评价。林捷曼大学毕业就获得博士学位并被誉为天才的生态学家。他研究的 10% 的转化规律到现在还在起作用。为什么转化率只有 10% 呢？因为浮游动物吃浮游植物的话，并不能把 100% 的浮游植物全部吃进去，吃进去以后不可能全部被吸收；消化和吸收以后，又有一部分能量转化为维持生命活动的能量，比如呼吸消耗能量、粪便带走能量、运动也要消耗能量等，仅有一小部分用于增加体重。林捷曼提出的食物链中 10% 的转化是一个平均数，当然按鱼类种类和其他养殖条件的不同，常在 5% ~ 20% 之间转化。

一般而言，物质循环是与能量流动结合在一起进行的，其中以碳、氢、氧、氮、磷、硫等的循环对水质及养殖生产影响最大。

三　施肥养鱼的作用机制

在水体的生产过程中，起主要作用的是浮游生物。浮游生物包括浮游植物和浮游动物，鱼既有吃浮游动物的，又有吃浮游植物的，反过来，浮游动物又以浮游植物为食。因此，培育水体中的浮游植物的种类和数量是施肥养鱼的主要目的。

水体中浮游植物的细胞质内，依种类不同，含有不同的色素体或分散的色素。色素体的主要类别有叶绿素、叶黄素、胡萝卜素和藻色素。它们在阳光的照射下，吸收太阳能及水体中的无机盐类和二氧化碳，从而制造出碳水化合物并放出氧气，供浮游生物及鱼类利用。

所以水体中的浮游植物被称为初级生产者，它们的生产能力称为初级生产能力。大量的研究结果表明，营养盐类（氮、磷、钾、钙等和无机盐）是光合作用的重要原料。在肥水中，含有大量的营养盐类，在自然阳光照射下，能很好地促进浮游植物的光合作用，从而大量繁殖浮游植物；在瘦水中，营养盐比较贫乏，在这样的水体中增加无机盐（主要是氮、磷）的含量或施加有机肥料，可以加速浮游植物的光合作用，并有利于浮游动物的生长发育。

【提示】 水体中的鱼产量主要取决于初级生产力，而初级生产力又取决于施肥是否适量，所以说，正确掌握并运用施肥技术对于渔业养殖者具有较强的经济效益。

四 肥料的作用原理

池塘物质循环的速度，决定了池塘的产鱼力。养殖鱼类是池塘食物链的最终环节。从池塘的水体物质循环可知，水体中生物的生产、生长和繁殖，其物质基础是溶解于水中的简单无机物，鱼类摄食水体中的天然饵料生物而生长，因而鱼的生长总是与水体中的无机盐类直接或间接地联系着。鱼产品为人类所利用，也是池塘养鱼的主要任务，人们每年从池塘里捕捞出大量的鱼类，池塘中的有机物则相应地减少，同时伴随鱼体带走相应的无机盐类。如果不及时向水体中补充这些循环物质，则池塘水体的物质循环和能量流动就会失调，其生产力就会下降，就会发生入不敷出的情况，而使物质循环和饵料生物的发展受到影响，长此以往，水体生产力将逐渐降低。池塘施肥的目的就是在于不断补充池塘物质循环过程中由于捕获鱼产品所造成的损失，增加水体中各种营养物质的含量，保持和促进池塘物质循环能力，促进饵料生物的大量繁殖，保证水体最大限度的生产力，即获得较高的鱼产量。与此同时，池塘施用有机肥料，其中腐屑还可供大部分养殖鱼类（除肉食性鱼类外）摄食。

施肥的具体作用有三点：首先是使浮游植物因得到必要的养分而大量繁殖；其次是促进以浮游植物为饵料的浮游动物和其他水生动物的增殖，这样便为鲢鱼、鳙鱼、鲤鱼、鲫鱼、鲮鱼、美国大口胭脂鱼等提供了各种适口饵料；第三是施到鱼塘里的粪肥等有机肥料中，含有一部分有机碎屑，这些有机碎屑可以直接被鱼类和其他水生动物所吞食和利用。总之，在养鱼水体中施肥，可以提高水体肥度，增加鱼的产量，肥料进入水体后，参与水体生态系统的能量流动和物质循环图 2-2。

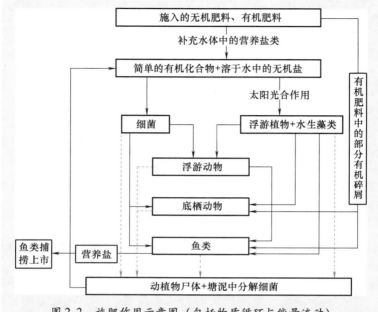

图 2-2　施肥作用示意图（包括物质循环与能量流动）

1. 有机肥料的作用原理

池塘施用有机肥料，首先培养起来的是各种腐生性微生物，主要是细菌（各种腐败分解细菌），其次是一些纤毛虫类和鞭毛虫类。施肥后池塘中浮游细菌的数量可以比原来增加数十倍以至数百倍，附着在肥料有机质上的细菌更多，1g 肥料上往往有几亿个～几百亿个细菌。这些细菌本身成了许多浮游动物（如大多数的纤毛虫、轮虫、枝角类等）的良好饵料，所以这些动物就随之大量繁殖起来，以致使池水变成灰白色，成为肥水的标志之一。

此外，施用有机料使池水中产生为数不少的有机絮凝物，这些有机絮凝物上腐生着大量微生物、原生动物和后生动物，成为滤食性鱼类的良好饵料，因而池塘中有机絮凝物的饵料作用是不容忽视的。施用粪肥、绿肥产生大量的腐屑，可供大多数养殖鱼类摄食。

2. 无机肥料的作用原理

池塘施用无机肥料后，不必经过细菌的分解过程，而直接为浮游植物所吸收利用。所以池塘施用无机肥料后，池塘中细菌的数量并无明显变化，浮游植物却数十倍以至百余倍地迅速繁殖起来，池水一般不出现灰白色阶段而直接转绿，往往变成深绿色。另一方面，细菌特别是自养型细菌都要利用无机盐类作为必要的营养物质，所以施用无机肥料也能促进细菌的繁殖。其中施用磷肥促进固氮细菌及硝化细菌繁殖的作用尤其大，由此而增加池中的有效氮，加速了氮循环，从而促进池塘的初级生产力。施用无机肥后，浮游植物的增长就为浮游动物的生长繁殖创造了良好的条件，致使浮游动物大量繁殖，解决或改进了各种鱼类的饵料问题。此外，由于施用无机肥料使藻类大量繁殖，明显改善了池塘的溶氧状态，加速了池塘物质循环，促进了鱼类的生长。

第二节 有机肥料

一 有机肥料的作用

有机肥料是指含有大量有机物的肥料，又称农家肥料。叫它有机肥，是因为这类肥料是由有机质构成的；叫它农家肥，是因为制成肥料的材料绝大部分来自农村，渔民可以就地取材，制成自己所需要的肥料。由于农家肥的肥源广、生产潜力大、成本低，它是我国渔民在渔业生产中的一类不可缺少的传统肥料。长期施用有机肥，不仅可以改善水产品的营养和口感，增加渔业产量，还能培肥水质，培育饵料生物，增强水产品的品质和体质健康。

在施用有机肥的池塘中，自养细菌在食物链的第一环节中占有主要地位，由于细菌比浮游植物繁殖快，饵料利用价值高，所以这种池塘对浮游动物的繁殖特别有利，往往能保持较高的生物量，另外，有机肥成分较全面，所含营养元素较集中，不但含有氮、磷、钾，还含有其他各种营养元素。有机肥施用后分解慢，肥效较缓和而持久，故又称为迟效肥料。所以，从长期效果看，对于浮游生物的增殖比较适宜，这些特点使有机肥具有较高的生产效果。

二 有机肥料的特点

1. 有机肥料的优点

有机肥施于水体后，有以下几个方面的优点。

（1）营养全面　如 100kg 的干猪粪，就含有氮（N）5.4kg，磷（P_2O_5）4.0kg，钾（K_2O）4.4kg。这些营养相当于硫酸铵 27.0kg，过磷酸钙 24.0kg，硫酸钾 8.8kg。另外还有少量的钙、镁、硫及各种微量元素。农村各种秸秆燃烧以后的灰分，称为草木灰，含钾（K_2O）特别丰富，高达 8.1%，还有 2.3% 的磷（P_2O_5）和 10.7% 的钙（CaO）。即 100kg 草木灰，就相当于硫酸钾 16.3kg，过磷酸钙 13.8kg。

（2）提高水体养分的有效性　因为有机肥是以有机质为主，在施入水体后，水体中和池塘底质中的有机质必然会增加。因此在池塘这个小生境中，土壤微生物也就变得非常活跃，它们在分解水体中和土壤中的有机质时，一方面释放出生物饵料所需的各种养分，另一方面微生物所分泌的有机酸，又能促进土壤中一些难溶的矿物质的溶解，达到提高水体养分有效性的效果。

（3）能改良水体成分　有机肥施入水体后，各种有效的营养成分也就随之被水体所接受，部分有机物质可以络合水体中有毒或难溶解的无机盐而沉积于淤泥中，改善了水体的营养成分，缓解了水体的毒素影响。

（4）促进底质结构的改良　微生物在分解有机质的过程中，一方面提供养分给作物吸收利用，另一方面又形成一种黏结性物质，把分散的土粒团聚在一起，形成一种疏松的团粒结构。这种结构对提高池塘底质的保水、保肥、保温能力有重要作用。

（5）可以变废为宝，净化环境　制作有机肥的材料来源很广，生产潜力很大，成本也很低。可以说哪里有人类居住和农业生产，哪里就会得到制作有机肥的材料，如人粪尿、畜禽粪便、各种作物的秸秆、塘埂地头的杂草、水产品加工后的残渣及城市垃圾等。这些废、杂物品，如果不用来制成有机肥，人类的生活环境就会受到污染，所以说，施用有机肥实际上是变废为宝，也是对环境的净化。

2. 有机肥料的缺点

1）由于肥料在池塘中分解，会增加水体中有机质的含量，并消耗大量的氧气，造成池塘的较重污染。据计算，分解 1 吨大粪要耗掉 3.4~3.8 吨氧气，分解 1 吨牛粪甚至需要 5 吨氧气，这分别相当于 2.8 吨和 4 吨鲤鱼一个生长季节（180 天）中的消耗量。就有机质的含量来说，一般施有机肥的高产鱼池水质都相当于半污水，生化需氧量（BOD）达到 50mg/L 左右，这种情况对于鱼塘的产鱼力都是很不利的。

　　2）有机肥料成分变化大，肥效不一致，施用时不易掌握各种肥料的准确用量，即定量施用存在一定困难。再次，有机肥施用数量大，操作繁重。

　　针对上述缺点，各种粪肥，特别是分解较快、耗氧剧烈的大粪，最好先经过发酵腐熟后再施用。这样既可以减轻对鱼池的污染，又可以较快地发挥肥效；蚕粪分解较快，而且含尿酸盐较高，对鱼神经有毒害，更是需要发酵腐熟降低毒性后方可施于鱼池；厩肥和混合堆肥都已经过初步发酵，所以污染程度较轻，肥效也较快，可以直接施用。

　　我国利用有机肥养鱼的典型代表作是 20 世纪 80 年代的"桑基渔业"，即利用鱼池埂面（坡）种植桑树，桑叶用来喂蚕，蚕粪经发酵后用来喂鱼，蚕蛹也是鱼类特别是名优鱼类优质的蛋白质饲料来源（值得注意的是，蚕蛹需经脱脂处理后方可喂鱼，否则易发生霉变，对鱼有毒害作用）。在冬春季节，抽取底质富含腐殖质的淤泥覆于埂面，为桑树施肥。这种养殖模式对蚕、鱼、树都是互惠互利，能够获得极大的经济报酬。桑基渔业示意图，如图 2-3 所示。

图 2-3　桑基渔业示意图

　　● 【提示】　桑基渔业的养殖模式被联合国粮农组织赞誉为"中国式的养殖模式"。以后又发展为种草养鱼、猪舍养鱼等新的养殖模式，均取得较好的经济效益，特别是种草养鱼、养猪养鱼、放鸭养鱼等正被广泛地运用。

三 植物肥料

1. 绿肥

凡采用天然生长的各种野生青草、水草、树叶、嫩枝芽或各种人工栽培的植物，经过简单加工或不经加工，而作为肥料的植物均称为绿肥，绿肥植物在水中易腐烂分解，为细菌创造了良好的生长发育环境，因此是很好的池塘有机肥料。

绿肥在施用时，将肥料堆放在池塘一角的水中，经常翻动，加速其腐烂分解，最后把不易腐烂的部分捞出池外，两广地区习惯用大草施肥，也有与牛粪同时施用的，所谓大草是指菊科植物、豆科植物及少数禾本科植物及各种无毒的陆生植物等。它们分解快，肥效高，维持肥效的时间长，容易控制，是培养鱼苗的优良绿肥。

用绿肥作基肥施用时，每次用量为每亩 300～400kg（1 亩 = 667m²），一次性堆放在池角；作为追肥施用时每次每亩约 150～200kg。

> ⚠ **【注意】** 施放绿肥时，因其在水中腐烂分解，需消耗水中大量氧气，特别是某些水源缺乏的池塘，长期使用绿肥沤水，处理不善往往会造成水质过肥而受污染变坏。因此在施放绿肥时应随时注意水质的变化，不能一次堆放过多，防止水中含氧量过于降低而引起鱼类严重浮头甚至泛池。

绿肥营养素的组成，随植物种类、生长条件的不同而有一定的差别，表2-1为几种绿肥植物的成分。

表2-1 绿肥植物的成分（%）

名　　称	氮　　素	磷　　酸	氧 化 钾
紫云英	0.48	0.09	0.37
苜蓿	0.79	0.11	0.40
蚕豆	0.55	0.12	0.45
青豌豆	0.51	0.15	0.52
大豆	0.58	0.08	0.73
羽扇豆	0.50	0.11	0.25

名　　称	氮　素	磷　酸	氧　化　钾
花生	0.43	0.09	0.36
泥豆	0.58	0.08	0.73
木豆	0.64	0.02	0.51
猪屎豆	0.44	0.09	0.41
苕子	0.06	0.13	0.43
田菁	0.52	0.07	0.15
白三叶草	0.48	0.13	0.44
瑞士三叶草	0.53	0.09	0.24
胡枝子	0.59	0.12	0.25
麦子茎秆	0.30	0.16	0.56
油菜茎秆	0.40	0.10	0.30
水草	0.10～0.40	0.05～0.10	0.05～0.33
甘薯蔓	0.26	0.05	0.51

注：表内数字均为新鲜绿色体的百分数。

2. 饼肥

饼肥是油料作物的籽实，在经过榨油或提取后，剩余的残渣。饼肥的种类有大豆饼、菜籽饼、芝麻饼、花生饼和棉籽饼等多种。其中大豆饼、菜籽饼、花生饼等都是鱼类喜爱的好饲料，在南方多用大豆磨浆进行夏花鱼种的培育，再用菜籽饼进行冬片鱼种的培育，这是因为这类饼肥不但可供鱼类摄食，还可以提供肥源来培肥水质、培育浮游生物。

【提示】　饼肥中的氮、磷、钾的含量比较丰富，在渔业上既可以用作追肥，也可以用作基肥，尤其是在春初时最常用。

各种饼肥的养分含量，见表2-2。

池塘施肥　第一章

表2-2　各种饼肥的养分含量（%）

种　类	氮（N）	磷（P_2O_5）	钾（K_2O_5）
大豆饼	7.00	1.32	2.12
花生饼	6.32	1.17	1.35
芝麻饼	5.80	3.00	1.31
棉籽饼	3.41	1.63	0.98
菜籽饼	4.60	2.48	1.38

3. 草木灰

我国农村多以各种作物的秸秆和木柴作为生火做饭的燃料，燃烧后的灰分均称为草木灰。这是农村中主要的钾肥来源。草木灰的成分比较复杂，植物体内含有的灰分元素，在草木灰中都有，如钾、镁、硫、钙和磷，其中以钾、钙和磷含量较为丰富。研究表明，不论是哪种植物的灰分，所含的钾素都是可溶性的、速效的，施入水体后，能被浮游植物直接吸收利用。

⚠ 【注意】　草木灰的施用要点：由于草木灰是一种碱性肥料，因此在施用和保存过程中要注意以下几点，才能保证钾肥的最大化利用：①不能与强酸性的硝酸铵和硫酸铵混合保存、混合施用。②不宜与人粪尿、牲畜家禽粪肥、尿混合保存。③不宜与过磷酸钙混合保存、混合施用。④要做好草木灰的保存工作，不能将之被风吹走。

各种草木灰的养分含量，见表2-3。

表2-3　各种草木灰的养分含量（%）

种类	钾（K_2O）	磷（P_2O_5）	钙（CaO）
松木灰	12.44	3.41	25.18
小灌木灰	5.92	3.14	25.07

种类	钾（K_2O）	磷（P_2O_5）	钙（CaO）
禾本科草灰	8.09	2.30	10.72
草木灰	4.99	2.10	—
棉籽壳灰	5.80	1.20	5.93
稻草灰	8.09	0.59	1.90
谷糠灰	1.82	0.16	—
棉秸灰	2.19	—	—
麻秸灰	1.10	—	—
灶灰	4.52	1.39	—

四 粪肥

1. 人粪尿

人粪尿是我国农村有机肥的一种主要肥源，渔民使用人粪尿进行养鱼有着悠久的历史和丰富的经验。人粪尿是人粪和人尿的混合物，含有多种肥分，主要是氮、磷、钾，尤其是氮素较多，还含有各种微量元素和有机质，故被称为有机氮肥。人粪中磷和钾的肥效都很高，缺点是含量（百分比）低，浓度不高。人粪和畜粪相比，由于含氮量高，故腐熟分解较快，人粪里的氮素大都是以蛋白质的形态存在，要经过微生物的作用，变成铵态氮后才能被吸收，因此，人粪的肥效发挥的快慢程度，要看人粪在腐熟过程中受微生物作用，变成的铵态氮素数量的多少而定。这也是施用人粪尿时，须经腐熟的原因之一。腐熟的作用一是可有效地提高肥效，二是可以杀死病菌和虫卵，一般沤制腐熟的时间为 15～20 天。人尿里的氮素主要是以尿素形式存在，其次是马尿酸、尿酸等形态。尿素经尿素细菌所分泌的尿素酶的作用，能很快地转变成铵态氮和硝态氮，不需要经过腐熟发酵过程，所以肥效迅速。

人粪尿的另一个特点就是常常带有细菌和寄生虫卵，在保存人粪尿时，应在粪缸上加盖，以防氮素挥发损失。

第二章
池塘施肥

⚠ **【注意】** 在用作鱼池施肥时，须经过发酵、沤制腐熟或加1%~2%的石灰杀死病菌和寄生虫及其卵等，以防传染病。腐熟后的人粪尿呈碱性，要注意防止氮素挥发损失，最好在沤制腐熟池中添加青草、落叶、秸秆、细土等物，千万不能与石灰及草木灰等碱性物质混合，那样做会加速氮素的损失。

人粪尿的成分随食物种类不同而异，其养分含量，见表2-4。

表2-4　人粪尿的养分含量

鲜物	水分（%）	有机物（%）	氮素（%）	磷酸（%）	氧化钾（%）	酸碱性	成人年排泄量/kg
人粪	70	2	1.00	0.50	0.37	中性	90
人尿	90	3	0.50	0.13	0.19	微碱性	700
人粪尿	80	5~10	0.50~0.80	0.20~0.40	0.20~0.30	微碱性	800

2. 牲畜、家禽粪尿

牲畜、家禽粪尿主要包括猪、马、牛、羊、兔的粪肥，在这些粪尿中添加的秸秆、草、落叶和土，经过牲畜的活动和践踏，使添加物和粪尿充分混合。过一段时间挖出后，便形成了渔、农民常用的圈肥（厩肥）。牲畜、家禽的粪尿不但肥效高，而且含有丰富的有机质，对提高池塘肥力有很大的作用。家禽是杂食的，谷、虫、鱼、菜等都能摄食，粪便中氮、磷、钾的含量比各种牲畜粪尿均高，故肥效较大。牲畜的粪便里，含有大量的纤维素，由于纤维素分解较缓慢，故家畜的肥效较迟。牲畜粪便的成分因种类、饲料等不同而不同，如奶牛因饲料质量好，其粪便的营养成分较一般牛粪含量高，

家禽、牲畜中氮素的形态，基本上和人粪相似，主要是以蛋白质形式存在，但是它分解的速度和肥效释放速度比人粪尿来得慢，在池塘中施用这类粪肥时，比较容易掌握。

由于牲畜的饲料不尽相同，所以在养分含量和特性方面也有差异，一些常见的牲畜、家禽粪尿的成分，见表2-5。

表 2-5　各种家禽、家畜粪尿的养分含量

类别	水分（%）	有机物（%）	氮素（%）	磷肥（%）	氧化钾（%）	一只家禽（畜）每年排泄量/kg	性质
猪粪	82.00	16.00	0.60	0.50	0.40		
猪尿	94.00	2.50	0.40	0.05	1.00	2050～2350	速效，微碱性，冷性
猪圈肥	70.20	25.0	0.45	0.19	0.62		
牛粪	80.60	18.00	0.31	0.21	0.12		
牛尿	92.50	3.10	1.10	0.10	1.50	9000	迟效，微碱性，冷性
牛栏粪	72.8	20.3	0.40	0.15	0.41		
羊粪	68.00	29.00	0.60	0.30	0.20		
羊尿	87.50	8.00	1.50	0.10	1.80	750	迟效，微碱性，热源性
羊圈粪	60.6	31.7	0.83	0.23	0.67		
马粪	75.00	23.20	0.60	0.31	0.33		
马尿	89.10	6.90	1.20	0.05	1.50	5000	迟效，微碱性，热源性
马厩肥	70.46	25.4	0.58	0.28	0.53		
兔粪	—	—	1.58	1.47	0.21	45～70	迟效，微碱性，热源性
兔尿			0.15		1.02		
鸡粪尿	50.00	25.50	1.63	1.54	0.85	50～75	
鸭粪尿	56.60	26.20	1.10	1.40	0.62	75～100	速效，微碱性，热源性
鹅粪尿	77.10	23.40	0.55	0.50	0.95	125～150	
鸽粪尿	51.00	30.80	1.76	1.78	1.00	20～30	

一些常见牲畜、家禽粪尿的特点如下。

（1）猪圈肥的特点　由于猪饲料中的粗纤维含量很少，所以猪粪比较柔软，经过一段时间腐熟后的猪圈肥，很容易被各种微生物分解，释放出在池塘中可供利用的各种养分。猪圈肥在沤制过程中不会产生高温，是一种冷性肥料。经过沤制后的猪圈肥，性质柔和、平衡、肥效快、效果好、肥效延续时间长，适合在池塘中饲养鲮鱼、鲤鱼等杂食性鱼类。

（2）马厩肥的特点　马厩肥，通俗地说就是在拴马的厩里沤制

而成的肥料，它是以马、骡、驴等粪尿再添加稻草（或青草）、秸秆和泥土混合而成的。由于马是以草料为食的，草料中的粗纤维含量丰富，所以马厩肥中的纤维素含量也是比较丰富的。马厩肥在发酵腐熟的过程中，会发出大量的热能，这是因为肥料里的粗纤维在分解细菌的作用下，不断地发生反应而放出热量，因此它是一种热源性肥料。所以在渔业生产中，为了保持或提高水体的温度时可以施用马厩肥，例如在早春或晚秋季节都可以施加马厩肥来养殖草鱼、鲫鱼等。

（3）牛栏粪的特点 牛栏粪又称为牛厩肥，在制作的原理和方法上是和马厩肥相似的，是用牛的粪便加上草料、秸秆或其他的纤维状物质混合而成。唯一与马厩肥不同的是，由于牛是典型的反刍动物，吃进肚子里的食物需要经过不断地咀嚼、消化、吸收后才排出体外，因此牛栏粪中的粗纤维要比马厩肥少得多，而且它是一种分解较慢、释放热量较少的迟缓性肥源，非常适于鱼苗、鱼种培育时用作基肥。

（4）羊圈肥的特点 羊也是反刍动物，但是羊的特点是吃得快，排出也快，而且喝水少，因此羊粪尿的肥分较浓，氮、磷、钾比较丰富，养分也比较容易被分解，是一类热源性肥料，草食性鱼类比较喜欢，养殖草鱼、鳊鱼等时常用。在用途上既可以作追肥，也可以作基肥。

（5）兔窝粪的特点 兔子是以草料为主食，也爱吃白菜、黄豆等粮食。由于饲料来源较好，因此粪便的养分也比较高，含有的营养成分比较均衡，用兔粪尿搅拌青草而堆制出来的兔窝粪，易腐熟、易分解，属于热性肥源，由于它的肥效较快，在渔业生产上常用它来作为追肥。养殖四大家鱼的鱼种时常用到它。

（6）家禽粪的特点 农村饲养的家禽，有鸡、鸭、鹅、鸽等，家禽粪也就是鸡、鸭、鹅、鸽粪的总称。单个禽粪的绝对数量远远比不上畜粪多，但是在有一定规模的家禽养殖场，这个数量是非常可观的，也是重要的有机肥源。根据检测表明，禽粪中的养分含量比牲畜粪要高出 $2 \sim 3$ 倍，其中以氮、磷为主，钾相对较少。但是家禽粪中的氮素有一个明显的特点，就是以酰胺态（尿酸）存在，这种状态的氮元素是不利于浮游生物直接吸收利用的，因此在施用前，一定要经过堆沤。在堆沤过程中，当然也会产生高温，可以有效地杀死病菌、寄生虫卵，但在高温状态下容易造成氮元素的挥发损失，因此在堆沤时一要选择在阴凉、干燥处沤制，二是在堆面上要用稀泥进行封面保护。

3. 用法与用量

池塘施用各种粪肥，最好先经过发酵腐熟，避免生鲜粪直接施入池塘，在分解过程中消耗池中大量溶氧，并易受气候的影响，使肥效不稳定，而且病菌较多，易导致鱼生病。池塘如施用新鲜牛粪，容易引起草鱼黏细菌烂鳃病，而先经过发酵腐熟，就可以杀死大量黏细菌，对预防草鱼烂鳃病有一定作用。施粪肥时加水稀释或不加水直接洒入池塘即可。

因为这类肥料具有来源广的特点，而且大部分是不花代价的、只需人力物力即可获取的高效肥，因此目前施用这类粪肥作基肥或追肥在农村池塘养鱼中占有主导地位。一般施用量为每亩 400 ~ 500kg（指一般的半干半湿家畜粪肥、厩肥或堆肥，人粪与鸡粪减半），具体用量可视池塘的深浅、肥料的浓稀及原有的水质肥度而酌情增减。如果刚进行了排水清塘，那么可将肥料均匀撒布于塘底浅水中，使其在阳光曝晒下，水温升高，较快地分解矿化，3 ~ 4 天后即可加满水位，再隔 7 ~ 8 天即可放鱼，如果池塘水位较高时施基肥，可在放鱼前 10 ~ 15 天，将肥料堆成小堆，分布于向阳浅水处，使其逐渐分解矿化，扩散于水中。如果当时水温已较高，可在放鱼前 5 ~ 7 天将肥料用水搅匀，均匀泼洒于塘面上。

追肥的数量应视养鱼的方式、池塘条件、肥料质量（即稀粪与稠粪的区别以及腐熟程度）和水温的高低而不同。根据我国大部分地区养鱼的实践经验，追肥的用量一般为：4 ~ 6 月，每月每亩水面施加 300 ~ 400kg；7 ~ 9 月，由于投饵量大，水质已经很肥，一般不再追施粪肥；9 月中旬以后，天气转凉，水色变浅，又可酌情施肥，以保证水温的恒定或水温的缓慢下降，一般每月每亩用量为 200 ~ 250kg。投饵不充分的池塘，施肥的用量应参照上述标准酌情增加，而且在 7 ~ 9 月的生长旺季也不能停止施肥，一般每月每亩用量为

200kg左右。不投饵的池塘，如果水源可靠，更应加大追肥量，以争取高产。用量大体上可定为每月每亩500～1000kg，深水塘、低肥效或生长旺季从高，反之从低。

> ⚠️ **【注意】** 鱼池施追肥，可采用分小堆堆放的方法，每7～10天堆放一次，每次用量为全月总量的1/4～1/3，也可用泼洒的方法，每1～2天全池均匀泼洒一次，每次用量为月总量的1/20～1/10。

五 混合堆肥

混合堆肥的材料来源很广，如各种农作物的秸秆、杂草、垃圾、泥炭等都可以利用。可利用这些材料与人粪尿或各种厩肥加水混合堆积成有机肥，会产生很高的温度，一般可达70℃左右，这样的高温对一般的病菌是有很强的杀伤力的，因此混合堆肥是无公害的肥源。

1. 配合比例

混合堆肥是利用绿肥、粪肥混合堆制经发酵腐熟而成，其肥效因堆制物的种类和比例而不同。由于不同种类的有机肥料，其所含成分不同，肥效的差异也很大。一般来说，混合堆肥中所含的有机质和钾是很丰富的，氮元素含量也充足。研究表明，常规下的混合堆肥养分含量大致如下：有机质24%～42%，氮（N）1%～2%，磷（P_2O_5）0.3%～0.8%，钾（K_2O）0.5%～2.5%。将几种肥料按比例适当配合施用，能使有机肥料成分更适合于浮游生物快速繁（增）殖。各种肥料的配合比例，本着因地制宜的原则，可结合当地肥料来源，通过试验来确定。表2-6中是几种不同的配合比例，通过实践证明，繁殖浮游生物效果比较好。

表2-6　混合堆肥肥料配合比例

肥料种类 使用单位	青草	羊粪	人粪	牛粪	猪粪	石灰	
						配合比例	占总量百分数（%）
水生生物研究所	4	2	1	×	×	0.07	1

肥料种类 使用单位	青草	羊粪	人粪	牛粪	猪粪	石灰	
						配合比例	占总量百分数（%）
水生生物研究所	8	—	1	8	—	0.17	1
水生生物研究所	1	—	—	1	—	0.02	1
浙江省淡水水产研究所	4	2	1	—	3	0.12～0.14	1.2～1.4
江苏省苏州渔业技术指导站	55	—	14	21		1.0	1.5

2. 注意事项

混合堆肥的腐熟过程是微生物分解有机质的过程，混合堆肥腐熟的快慢与微生物活动有密切关系。因此在制作堆肥时，一定要注意含水量、空气、温度的保证。根据生产实践，混合堆肥的材料要在堆制前浸透1天左右，水分长期保持在60%～75%，由于混合堆肥的腐熟作用是有氧反应，必须在氧气充足的条件下进行堆制，因此在堆积时要讲究度，既不能太松也不能太紧。太松会导致堆积的肥料被风沙吹走，太紧无法通气来保证反应的正常进行。当然在堆制混合堆肥时对温度也有一定的要求，在堆积好后的3天左右，原料内的温度由于腐熟作用可能会很快达到70℃左右，此时应用尖锥物轻轻地捅开几个气孔，以利于过多的热量释放，确保温度控制在55～65℃，时间要维持1周，促使高温性微生物能快速且充分地分解有机质，而堆制中期则以40～45℃为宜，有利于促进纤维素的分解，同时促进肥料内部的氧化作用顺利进行。

3. 制作方法

混合堆肥的制作方法有很多种，根据渔业生产的需求，可以分为以下几种。

（1）半坑式高温堆肥 在地面挖1个坑，坑长3～4m，宽1.8m，深1m，坑底、坑壁有"井"字形通气沟，沟深16～20cm，在通气沟的交叉处立几根木棍，在堆好肥料后拔出木棍，形成通气孔。混合堆肥的配料主要为3份玉米秸、1份人粪尿、1份牲畜粪便、5份细土，逐层堆积，堆肥高出坑沿60cm即可。堆后50天左右翻1次，并补充

第二章 池塘施肥

部分水分，目的是促进堆内外的原料腐熟一致，经腐熟后即可施用，这种堆肥的优点是保水保肥性能好，有利于长期应用。

（2）土坑密封堆肥　在地面挖1个坑，坑长3.5m，宽2.0m，深1.2m。在土坑或砖坑内，将各种原料分层堆放，1层青草上撒生石灰后再加1层粪肥，如此依次装入，装好后加水至肥料完全浸入水中为止，最上面用泥土密封，使其充分发酵腐熟后即可。加石灰的作用是杀死某些寄生虫及其虫卵，同时中和堆肥腐烂分解过程中产生的有机酸，以免影响微生物的活动，从而影响有机物的分解。堆肥发酵随气温而不同，20～30℃时，10～20天即可取用。在施用时要掌握开坑时间不能太久，以防氮肥挥发，影响肥效，在施用混合堆肥时，取出肥料加水冲洗，除去肥渣和泥污，只取堆肥液汁，均匀泼入水中；也可以在取肥时，将发酵坑一角的堆肥翻到其他角上，使液汁在翻开的角上浸出，只取坑内的汁液，按量直接泼入水中。

（3）地面泥封式高温堆肥

1）原料：500kg切碎的玉米秸，300kg的新鲜牛粪或400kg的马粪，100kg的人粪尿，加上800～1200L水进行浇灌。

2）制法：把这些原料进行充分搅拌，边拌边加水，然后把它们堆成高1.5m，宽4m的肥堆，长度根据原料的多少而定。在堆好后，用黏土制成的泥浆进行密封。

3）管理：堆肥的管理主要是翻堆，一般要翻1～2次。第一次翻堆是在泥封后，发酵产生高温期后的10～15天，要将土堆上下里外全面翻动，然后再垒成堆，同时加入适量的水，堆面再用稀泥封住。第二次堆肥是在第一次翻动后20天左右进行，然后经过1个月的发酵即可完全腐熟。

这种高温堆肥的优越性在于①能杀死病菌、寄生虫卵、杂草种子；②它的营养比较全面，是绿色无公害的肥源；③它的肥效持久、缓慢。

（4）池角直接堆肥　我国施用堆肥时将肥料堆积在池的几个角隅或背风向阳的池边浅水处作为基肥，经日光曝晒几天后翻动1次，再晒几天即可注水；而前苏联多采用带状堆肥法，即把草类扎成长枕状小束堆积在池岸浅水处（水深0.3～0.4m内），每堆长1～2m，厚0.2～0.3m，以使上下两面都能有水浸泡，堆肥区约占全池岸长度的 1/3。带状堆肥一般每月换 1 次,而且每次都换一下位置,这样可使整个池边都有堆肥,为了稳定,堆肥上面可用重物压住。更换新肥的时间,可按生物耗氧量(COD)确定,如离肥堆 1m 水深处的生物耗氧量低于 12mg/L 即应堆新肥。

混合堆肥由于经过充分发酵腐熟,有机物经过充分分解,因此泼入水中后能较快地被浮游植物吸收利用,并可以有效地降低池中有机物消耗氧。

> 【提示】 混合堆肥虽具有一定的优点,而且肥效也快,但是操作较复杂,花费劳动力也很多,因此在生产中应用并不普遍。

六 沼气肥

沼气池包括出料口、入料口、主洞口 3 个洞口。从入料口投进原料,从出料口取肥,主洞口用于储存、发酵原料。

沼气肥是将大草、牛粪、人粪尿按比例由入料口投入沼气池中,经沤制后而形成的一种肥料。沼气的主要成分是甲烷(CH_4),它可以燃烧,农村常用来照明、生火做饭,但燃烧剧烈时极易发生爆炸。因此,在出料口取肥时,要注意防火,吸烟者应远离沼气池。另一方面,由于绿草和粪肥长时间在沼气池中沤制,造成池中严重缺氧,产生大量的二氧化碳,进入主洞口操作时,要注意安全,防止因缺氧窒息而发生意外伤亡事故。

沼气肥是一种优质高效的农家肥料,可以广泛地应用于渔业生产中,它具有以下几个优点。

1)沼气肥是经过厌氧发酵的腐熟的有机肥料,投入鱼池内能减少鱼池水中溶氧消耗,起到稳定水体、使水质清新的作用。

2)沼气肥中,氮、磷、无机盐类丰富,很适宜浮游生物的繁殖,为鱼类生长提供了充足的天然活饵料。

3)沼气肥投入池塘,使池水保持茶褐色或绿色,易于接收光热,提高水温,尤其是早春和晚秋更有意义:在早春时施沼气肥,能促进水温快速上升并保持水温的稳定,有利于鱼类早开食、早投喂、早生长;在晚秋时投放沼气肥,有利于维持水温的恒定,防止水温过早过快下降，能有效地延迟鱼类的摄食期和生长期。

4）沼气肥的 pH 一般为中性偏弱碱，与高产鱼塘对 pH 的要求相适应，有利于水体的酸碱平衡。

5）沼气肥在厌氧环境中，能很好地杀灭许多寄生虫及其卵茧和好氧病原菌，减少鱼病的发生和传染。

七 污水

城市中每天有大量的生活污水从排水道中排出，生活污水中含有丰富的有机物质和营养盐类，因此是鱼池肥料的重要来源之一。城郊鱼塘利用生活污水养鱼，可以节约肥料、饲料和劳动力，并能净化污水，改善环境卫生。但是，由于目前大部分城市的污水排放一般采用合流制，即生活污水和工业污水混在一起排放，因而污水中往往含有一些工厂排出的有毒物质，如酚、重金属盐，这些有毒物质引入养鱼水体后，严重的可直接引起鱼类死亡，造成严重的经济损失，有的虽然经过稀释，不一定会引起鱼类急性中毒立即死亡，但是某些毒物在鱼体内有较强的富积作用。富积在鱼体内而引起慢性中毒，或者会改变鱼肉的味道及品质而影响食用价值和商业价值。如六六六在鱼体内能长时间富积，甚至达到人畜致死浓度；酚可通过鱼的鳃表面进入鱼的循环系统，使鱼昏迷。酚的刺激性很大，鱼肉味有一股刺鼻的煤油味道，会令人难以下咽，浓度高时会使鱼体黏膜脱落，使鱼鳔失去交换气体的功能，氰化物、硫化物等也能在鱼体内部发生毒害作用，通过鳃和口腔渗入内循环系统，使器官和组织失去利用氧的机能。这直接关系到鱼类的安全，必须经过净化处理后方可入池养殖鱼类。表 2-7 是部分化学物质对鱼的致死浓度。

表 2-7　部分化学物质对鱼的致死浓度

化 学 物 质	致死浓度/(mg/L)	化 学 物 质	致死浓度/(mg/L)
酚	100	氢氧化铵（氨水）	2
甲酚	1	硫化氢	1
氰化钾	0.4	萘	10
硫酸铜	0.8	高锰酸钾	10
氯	2		

1. 污水的成分和性质

有关卫生部门调查分析了我国部分大中型城市的某些生活污水成分，溶解物质约占污水中污染总量的50%，非溶解物约占40%，胶态物质约占10%。按其化学性质可分为有机物和无机物，后者包括氯化物，一般含量为80～182mg/L，铵态氮15～59.3mg/L，还有无机磷、总磷、钾肥等；前者主要包括蛋白质、脂类、糖类等及其分解物、衍生物。有机物一般约占污水总量的60%左右，具有较高的肥料价值。若干城市生活污水的主要成分见表2-8。

表2-8 若干城市生活污水的主要成分

项目 \ 地点	北京	上海	西安	武汉
pH	7.35～7.7	7.31	7.3～7.65	7.1～7.6
悬浮物/(mg/L)	50～327	320.7	—	66～330
铵态氮/(mg/L)	25～45	47.1	21.7～32.5	1.5～59.3
氯化物/(mg/L)	124～128	141.5	80～105	—
耗氧量/(mg/L)	30～68	—		52～64
生物需氧量（五日）/(mg/L)	90～180	360		320～338
磷/(mg/L)	30～34.6			—
钾/(mg/L)	17.7～22			—
污泥含量（沉淀物）（%）	0.83～1.56		1.48～1.55	0.2

注：数据引自长江水产研究所《污水与养殖关系的几个问题》。

在工业污水中，有机物的含量大大降低，无机物的含量特别是有毒物质的占有率急剧上升，主要含有钴、汞、砷等有毒的重金属盐、氰化物、酚类化合物及剧毒农药，这些生活污水必须经过曝光、沉淀、净化后方能入池塘用于养鱼。

2. 污水施用

生活污水的用量根据其浓度的不同而有较大的出入。用生活污水作为肥源时，基肥的施用量占池水的1/10～1/5，施肥后7～8天，待浮游生物充分繁育后再放鱼。鱼的种类最好以滤食性、中上层鱼类为主的花白鲢。此后再隔4～5天即可开始施追肥，每次追肥的用量应视具体情况而定，采用生活污水养鱼的池塘一般不用再投喂饵料。以饲养肥水性鱼类为主的池塘在鱼类生长旺季（7～9月），每3～4天施追肥1次，每次用量为池水的1%～2%左右；春秋两季每半月施追肥1次，每次用量以不超过池水的3%为宜，原则上是先排出部分水后注入生活污水。

> ⚠️ **【注意】** 排注污水应掌握少量多次的原则，排注量应根据天气、季节、水质和鱼类摄食及活动情况灵活掌握。只有准确掌握了合适的污水排灌量，经常保持池水一定的肥沃度，才能大量繁殖出浮游生物等天然饵料供鱼类摄食利用。生活污水必须经过一系列的物理、化学、生物手段进行清污去毒后，方可入池养鱼。

八 池塘养鱼对有机肥的要求

在一定范围内，水体有机肥增多，其有机污染程度也相应增加，水体的肥力及营养水平也相应提高，有利于增加初级生产力，明显有益于水产养殖。

但是水产养殖生产对有机肥的要求，应根据水体生物及水质的特点，具体分析，酌情决定。一般而言，人工繁殖用水，应保持水体清新、溶氧较高的特点，水体中有机物耗氧因子及有机污染尽可能低，最好按照渔业用水水质标准的规定，生物需氧量在2～5ml/L的范围内。这是因为，在人工繁殖鱼苗阶段，不要求水体提供过多的营养饵料，而需要有良好的环境条件，如高溶氧、微流水刺激的水体。水体过肥，容易发生传染病，在亲鱼培育时也易发生浮头、泛池现象，对亲鱼的产卵及性腺发育造成极大的影响。

> ➡️ **【提示】** 对于繁殖用水，在繁殖期到来之前，最好能分几次全部更换新鲜水，而且不宜施肥，以保证水质清新。

在养殖过程中，水体只要有机污染程度不十分严重，不发生水华，不发臭变黑，都可利用。在水体较瘦的条件下，可以为鱼类生长提供较好的环境条件，而在肥水条件下，可以为鱼类的生长发育提供比较丰富的饵料营养。我国渔民素有"肥水养大鱼"的渔谚，把提高水体的肥力作为获取高产的重要措施，这是有一定科学依据的，因为大多数人工养殖的鲤科鱼类（尤其是鲢、鳙、鲤、鲫鱼），可以在中性腐殖质内正常生长，这种水域初级生产者生长的速度快，它们的天然饵料（包括有机碎屑）极其丰富。当然，物极必反，它也有不利的一面，对于喜好清水，又不是滤食性的鱼类（如草鱼、鳊鱼）就不太适宜，往往传染病比较严重，特别是 2 龄草鱼种在这种水体内死亡率极高。此外，过肥的水体几乎对所有特种水产品都不适宜。名优特水产品养殖的一个重要条件就是水质清新、无污染、水体溶氧较高，如鳜鱼、河蟹、甲鱼、罗氏沼虾、日本沼虾等水产品养殖时均是如此。此外水体过肥时，静水水体往往容易发生水体老化，此时，水体中的溶氧、pH 等水质的日变化、昼夜变化剧烈，垂直差别很大，底质厌气细菌大量繁殖，易积累 H_2S 等大量腐败的有毒物质，对鱼的生长都是不良刺激，严重时可能构成一种长期反复的慢性中毒情况。

> 【提示】 在多品种混养时，要认真核算，确定合理的有机肥投放量及投放种类。

九 合理施用有机肥应注意的问题

为了尽可能发挥各种有机肥的特点和长处，挖掘水体生产潜力，同时为了避免因施肥而造成的不良后果，在施用有机肥时应注意以下几个问题。

1）对于水体较肥、溶氧较低的水体，应以养殖耐低氧、对腐败毒物抵抗力强、食物链短的鱼类为主，特别是以腐殖质为食物的鱼类尤其适用，目前，在池塘养殖中，异育银鲫、彭泽鲫、鲤鱼、鲢鱼、鳙鱼等是优选品种。

对于新开挖的鱼池、水质清瘦或池底淤泥少的池塘，宜多用有机肥料，尤其是绿肥和粪肥，且施用量可适当大一些。一般池塘往往仅在冬春季施基肥，而在鱼类主要生长季节，由于大量投饵，水中有机物含量已较高，为防止池水缺氧，往往只施无机肥料，而不施耗氧量大的有机肥料。

2）在立体开发水体、高产高效的综合养鱼条件下，为了防止因投放大量的有机肥而造成池水缺氧、鱼浮头泛塘，可采取一些有效的措施控制缺氧状态。

① 人工增加增氧能力，提高水体自净效率。最常见的最有效的措施是使用增氧机（例如叶轮式增氧机）进行机械增氧；也有一些养殖单位使用生物增氧或物理增氧，如采用微流水养殖和循环水养殖等措施提高水体增氧能力。

② 实行预先处理，加强有机肥的施入效果，使第一阶段分解过程在鱼池外完成，例如污水或有机绿肥须经沉淀、曝气、氧化塘等处理或经沤制、发酵、降解、矿化以后，再进入鱼池，以减少鱼池的生物耗氧量。

③ 应掌握少量多次、勤施少施的原则。有机肥料施用过多，会导致池塘缺氧，据以色列研究表明，粪肥以不超过 120kg 干物质/公顷/日为宜，超过 190kg 干物质/公顷·日时即有危险。如果粪类干物质按12% 计算，则上述数据分别为 0.067kg/亩·日和 0.105kg/亩·日，与我国的实际用量接近。前苏联的研究认为一个生长期施粪肥总量不要超过 30 吨/公顷，日本的研究则认为鸡粪施用总量应为 20 吨/公顷。

> ⚠ 【注意】 尽管有机物可以直接、间接地充当水体中水生生物的饵料，不过从作为营养物质的角度来说，它的作用是间接的，它们的有效化过程要以消耗大量氧气作为代价；另一方面，即使淡水中有机物质数量较多，但水中营养元素有效形式的实际浓度往往很低，供不应求。因而，施用有机肥时，初级生产速度往往受到限制，要较好地解决这个问题，应将有机肥、无机肥配合施用，两者互相补充才能保证水体初级生产力的较好发展。

第三节　无机肥料

无机肥料俗称化学肥料。无机肥料肥分含量高，一般肥效较迅速，肥劲较短，可以直接为水生植物吸收利用，分解不消耗氧气，故无机肥料常常被称为"速效肥料"。

一 无机肥料的种类

无机肥料又称为化学肥料，简称化肥，就是用化学工业方法制成的肥料。因制作化肥的原料大部分都来自于矿物，所以又称为矿质肥料。一般无机肥料施用后肥效较快，故又称为速效肥料。无机肥料根据所含成分的不同，可分为氮肥、磷肥、钾肥和钙肥等。其中氮肥和磷肥相当重要。根据化肥的化学反应和生理反应，也可对肥料进行分类。例如过磷酸钙是化学酸性肥料、磷酸铵是化学中性肥料、硝酸钠是化学碱性肥料。生理反应是指肥料经过植物吸收离子后，余下的另一种离子在溶液里的反应，例如施用硫酸铵后，植物吸收了铵离子，遗留下较多的硫酸根，与水反应产生硫酸，使溶液呈酸性反应，这种肥料称为生理酸性肥料；硝酸钠则因植物主要吸收它的硝酸根，留下很多金属钠离子，与水反应生成氢氧化钠，使溶液呈碱性反应，故称为生理碱性肥料；磷酸铵的阴阳离子都可以为植物所吸收，便称为生理中性肥料。不同反应的肥料施用后对池水产生不同的影响，因此在施肥养鱼时必须注意这一点。

二 无机肥料的特点

1）有效养分含量高。无机肥料是用特定的化学物质制成的，具有一定的针对性，因此有效养分含量高是它最主要的特点之一。例如氮肥中的硫酸铵含氮为20%，尿素含氮为48%。1kg硫酸铵所含的氮素，相当于人粪尿25～40kg中所含的氮素。1kg过磷酸钙（过磷酸钙含 P_2O_5 18%～20%）相当于猪圈肥80～100kg。1kg硫酸钾（硫酸钾含 K_2O 50%）相当于草木灰6～8kg。

2）施入水中，肥效快。无机肥施入水体后，能很快溶解，并被浮游植物利用。有经验的渔民可以通过池塘水色的变化来判断肥料的效果，一般3～5天即可看到水色有明显的变化。

3）养分单一，这是因为除复合肥料外，无机肥料的原料都比较单纯，容易确定，大多数是一种肥料仅含一种肥分，因此在用作追肥时，可根据池塘的水色和养殖鱼类的不同品种、不同的生长发育阶段，及时补充缺少的元素，看鱼施肥，经济且见效快。

4）无机肥料在安全用肥的范围内，对池塘的自身污染较轻，而且池塘的自净能力强，很快能自我调节。

5）具有用量较小，操作方便的优点。

由于施化肥时，池塘中食物链的第一个环节主要是浮游植物，而浮游植物作为浮游动物的饵料，营养价值不如细菌，所以这时池塘中浮游动物的数量远不及施有机肥的池塘。另外，施化肥的池塘中的浮游植物主要以绿藻类为主，而绿藻类的饵料价值比施有机肥时池塘中的优势种群——金藻类、硅藻类、隐藻类差一些，而且化肥的肥效不持久，水质较难掌握。

> ⚠ 【注意】 单独施用无机肥时，效果不如有机肥，如果混合施用有机肥、无机肥时，各种成分适当搭配，取长补短，才能发挥最大的经济效益。

> ➡ 【提示】 无机肥料在国外池塘养鱼中应用较广。目前，在我国养殖生产上也开始日益受到重视。今后随着渔业生产的进一步发展，化肥供应的进一步便利，必定在池塘施肥养鱼中发挥巨大潜能。

三　氮肥

含氮化肥的种类很多，常见的有硫酸铵，含氮20%左右；硝酸铵，含氮32%~35%；氯化铵，含氮24%~25%；硝酸铵钙，含氮20%左右；硝酸钙，含氮13%左右；尿素，含氮46%左右；氨水，含氮16%~17%等。这些氮肥大都是速效肥，宜作追肥使用。

根据氮素在氮肥中的形态不同，无机氮肥可分为三类。

1. 铵态氮肥

常见的铵态氮肥有以下几种。

（1）硫酸铵 $[(NH_4)_2SO_4]$　简称硫铵，为白色晶体粉末，工业副产品常带有各种颜色，但对品质没有影响，含氮量一般在20%~21%左右，是生理酸性铵态氮肥，易溶于水，吸湿性小，久放不至于分解失效。硫酸铵在施入水体后，会很快分解成铵离子和硫酸根离子，浮游植物在吸收铵离子后，残留下的硫酸根离子，会促进水体酸化，因此在生产实践上，常常和有机肥配合使用。

（2）氯化铵（NH_4Cl） 一种白色或浅黄色粉末，含氮量一般在 24%～25%，是生理酸性铵态氮肥，吸湿性比硫酸铵略大，较稳定，不易分解。氯化铵易溶于水，在常温下 100L 水可溶解 37kg 氯化铵。氯化铵施入池塘后，铵离子被浮游植物吸收利用后，氯离子则残留在水体中，与水体中的氢结合形成盐酸。因此长期施用氯化铵，会增加水体的酸度，改变池塘的 pH。

（3）碳酸氢铵（NH_4HCO_3） 简称碳铵，也是渔民普遍施用的一种氮肥，白色或灰色粉末，含氮 15%～17%，易溶于水，是一种速效化肥。碳酸氢铵是不稳定的化合物，它在常温下容易分解，放出氨气，从而降低肥分，温度越高，湿度越大，分解就越快。试验表明，夏季在 25～30℃ 的气温下，含水量 4.8% 的碳铵存放 10 天，就会有 93% 的氮素被分解挥发。因此，碳酸氢铵需密封包装，与空气隔离，储存在阴凉干燥的室内，防止吸水受潮而挥发，损失肥效。

（4）氨水（$NH_3 \cdot H_2O$） 氨水是液体氮肥，它是用水稀释的液态氨，含有 16%～17% 的氮，成本较低，目前在池塘施肥中应用也较多。氨水是一种带有强烈刺鼻气味的无色液体肥料，含杂质较多，所以是黑棕色的。因为有刺鼻气味，渔民都称它为"气儿肥"，甚至可以凭气味来区别氨水质量的好坏。渔民常说，"气儿肥"的气味越大，肥效就越快、越好，这种说法是有一定科学依据的。这是因为氨水中的氮素是以气体氨的分子状态溶解于水中，所以很不稳定，氨气很容易从氨水中挥发出来。含氨浓度越高、温度越高、存放时间越长，挥发越多、越快，所以在储运和施用时必须注意防止和减少氨的挥发损失。如果用敞口容器盛氨水，两天以后，会损失氮素 90% 以上。氨水具有较强的碱性，对金属（铁、铜、铝）容器有强烈的腐蚀作用，因此在购买氨水时，一定要等到渔业生产上急用再买，在自家塘口上也不要存放过久。为了防止挥发，氨水要用带盖的密封非金属容器储存。

⚠ **【禁忌】** 含有铵态氮的化学肥料，遇到石灰、草木灰等碱性肥料，铵就会转化为氨气而挥发损失，因此，不可以将它们混合在一起施用。

2. 硝态氮肥

常见的硝态氮肥有以下几种。

（1）硝酸铵（NH_4NO_3） 简称硝铵，为白色晶体，含氮量在32%～35%，通常为34%，该肥含有两种形态的氮：一半是硝态氮（NO_3^-）；另一半是铵态氮（NH_4^+）。这两种形态的氮素，都易于被浮游生物吸收，而且在施肥后不会有残留物质。它吸湿性大，容易结块，在高温多雨季节常常会因吸湿过量而成为糊状，甚至液体。储存时要密闭，不要和易燃物放在一起，湿块凝结后切不可用锤打击，以免引起燃烧或爆炸。

（2）硝酸铵钙（$NH_4NO_3 \cdot CaCO_3$） 硝酸铵和碳酸钙的混合物，含氮20%左右，一半是铵态氮，一半是硝态氮，并含有35%的碳酸钙和一些碳酸镁，颜色为浅栗色或略带灰白色，为不规则颗粒状，吸湿性比硝酸铵弱，呈碱性反应。

3. 酰胺态氮肥

氮素以酰胺（—NH_2）的形态存在，如尿素（NH_2）CO为白色结晶状粉末，是化肥中的有机态氮肥，含氮量很高，达46%，易溶于水。酰胺态氮肥在水中溶解后不形成离子，不能直接被植物吸收，所以尿素在被施入水体后必须转化成铵态氮或硝态氮后才能被植物吸收。尿素在尿素分解菌所分泌的尿素酶的作用下转变成碳酸盐，故尿素主要是起铵态氮肥料的作用。

尿素的优点有：①有效氮素含量高，1kg尿素约相当于2kg硫酸铵；②它的吸湿性比硫酸铵小，施用和保存都比较方便；③尿素所含氮素和其他氮肥不同，它是有机态氮肥，要经过水体中微生物的作用，转化成碳酸根后，才能被水体中的浮游植物吸收利用。

氮的无机形态有铵离子（NH_4^+）、亚硝酸根离子（NO_2^-）和硝酸根离子（NO_3^-），这些离子可以相互转化。藻类主要吸收铵态氮，其次是硝态氮，二者并存时先利用前者。各种无机氮肥的种类、含氮量及性质，见表2-9。

表2-9 无机氮肥的种类、含氮量及性质

肥料类型	名 称	主要成分的化学式	含氮量 (%)	酸碱性	溶解性	物 理 特 性
铵态氮	硫酸铵	$(NH_4)_2SO_4$	20～21	弱酸性	水溶性	白色结晶，吸湿性弱
	氯化铵	NH_4Cl	24～25	弱酸性	水溶性	白色粉末状，吸湿性弱
	碳酸氢氨	$(NH_4)HCO_3$	17	弱碱性	水溶性	白色粉末状，易解挥发
	氨水	$NH_4OH(NH_3 \cdot H_2O)$	15～17	碱性	水溶性	挥发性，腐蚀性强
硝态氮	硝酸铵	NH_4NO_3	34～35	弱酸性	水溶性	吸湿性强，易结硬块，强力碰击会爆发生爆炸
	硝酸铵钙	$(NH_4)NO_3 + CaCO_3$	约20	弱酸性	水溶性	吸湿性强，不结块
	硫硝酸铵	$(NH_4)_2SO_4 + NH_4NO_3$	26～27	弱酸性	水溶性	吸湿性强，结块
酰铵态氮	尿素	$CO(NH_2)_2$	42～46	中性	水溶性	吸湿性强，结块
氨氰态氮	石灰氮	$CaCN_2$	18～20	碱性	微溶水	吸湿性强，易结块变质

注：1. 硝酸铵既是铵态氮，也是硝态氮。

2. 酰铵态氮（尿素）属于有机肥料，但也属于化学肥料，为讨论方便，归入无机肥料。

4. 施肥指标

不同学者在不同时间、不同水体，从不同角度调查、试验得出的结果，与研究得出的理论值都相当接近，施肥的临界值都在 0.3mgN/L。考虑到我国养殖鱼类的习性、养殖水平及养殖模式，在鱼类生长旺季的鱼池水中，有效氮浓度应经常保持在 0.3mgN/L 以上。1978 年江苏省无锡市水产研究所指出："对高产鱼池来说，每 1L 水保持 0.3mg 以上的硝态氮和铵态氮是必要的。"一些不以养鱼为主的大水面，为了防止其富营养化，肥料的有效浓度则以不超过 0.3mgN/L 为宜。这在光照、温度条件有利时，对鱼类及其饵料生物的生长尤其重要，是充分发挥水体生产潜力的有效措施之一。

四 磷肥

因制造磷肥的方法不同，磷肥中磷素养分的形态也不同，主要有以下三种。

1. 水溶性磷肥

水溶性磷肥能在水中溶解生成磷酸根离子（$H_2PO_4^-$ 和 HPO_4^{2-}），容易被植物吸收。

（1）过磷酸钙　简称普钙，是由磷矿粉加硫酸处理制成的。外表呈灰白色粉末或细粒状，常含有少量的杂质，含磷（P_2O_5）16% ~ 20%，主要成分是水溶性磷酸钙 $Ca(H_2PO_4)_2$，肥效迅速、良好，过磷酸钙中含有过量的石膏，是不溶解部分，易吸湿结块，应注意干燥储藏，也不可和石灰、草木灰等碱性肥料混合施用，以免使可溶性磷变成不溶性磷。

（2）重过磷酸钙　简称重钙，是由磷矿粉加硫酸处理制成。外表呈深灰色或黑灰色粉末或颗粒状。性质和过磷酸钙相似，主要区别是不含石膏，含 P_2O_5 量较高，是普钙的 2 ~ 3 倍，高达 30% ~ 40%。这种肥料酸性大，腐蚀性比普钙强，吸湿较快，施用时，不宜用手直接接触，以免伤害皮肤。

以上两种可溶性磷肥，施入池塘后，能很快被浮游植物吸收利用。但磷酸易被池塘土壤或淤泥吸收固定而降低磷肥的肥效。磷酸被土壤固定的原因，主要是由于在酸性土壤中和铁或铝离子化合成不溶性的磷酸铁或磷酸铝，或在偏碱性土壤中与钙化合成难溶性的磷酸三钙。当磷酸与 Fe^{3+}、Al^{3+} 化合生成磷酸铁、磷酸铝化合物时，就不能被水生植物所利用。磷酸三钙虽然也是难溶性化合物，但是比磷酸铁、磷酸铝较易溶解，因而也较磷酸铁等易于被植物吸收利用。

另外，一部分磷酸也会被带正电荷的土壤胶粒吸附，因而保存在胶体周围的物质呈离子状态，它在适当条件下，会被解吸再释放回水体中，被植物利用，不过产生肥效的作用过程变得更缓慢些。

> ⟶ 【提示】 磷肥在池塘中施放后因易被土壤吸附固定，其中的一部分再逐渐被溶解释放出来，供植物利用，故磷肥有后效性，即在施肥后的第二、第三年仍有一定的肥效。

2. 不溶性磷肥

（1）**汤马斯肥** 即碱性炉渣，是冶炼含有磷的钢和生铁时的副产品，含有丰富的磷酸，其主要成分是磷酸四钙（$Ca_4P_2O_9$），约含 $14\% \sim 18\%$ 的磷酸。

（2）**磷灰土** 主要成分是磷酸三钙，含磷酸 $15\% \sim 36\%$，这种磷肥是迟效磷肥，不溶于水，能溶于弱酸，在池底酸性环境中能与池塘底层中的碳酸或有机酸作用，所含的磷酸三钙逐渐变为水溶性的磷酸钙，即可被植物吸收利用。

（3）**钙镁磷肥** 钙镁磷肥是由磷矿粉和含镁、硅的矿物，在高温下煅烧冷却，再经磨细而成。成品为灰绿或灰棕色粉末。主要成分是磷酸三钙，是一种弱酸溶性磷肥，含磷（P_2O_5）$12\% \sim 18\%$，含磷量的高低，由矿石品位决定。钙镁磷肥除磷素以外，还含有氧化钙、氧化镁和氧化硅，这些成分也可以被浮游植物吸收利用。由于氧化钙含量高（$25\% \sim 30\%$），故肥料呈碱性反应，不溶于水，易溶于弱酸，不吸湿结块，无腐蚀性，因此在保存、运输和使用中都比较方便。

（4）**脱氟磷肥** 脱氟磷肥是将氟磷灰石在高温下，通过水蒸气脱氟制成的。成品为褐色或浅灰色粉末，主要成分是磷酸三钙，也是一种弱酸溶性磷肥。含磷一般为 $14\% \sim 18\%$，含量高的可达 30%。含磷量的高低，主要与矿石原料的品位有关。除磷素营养之外，还含有镁、硅、铁、铝等成分。肥料呈碱性反应，不易吸湿结块，无腐蚀性，所以脱氟磷肥在保存、施用、包装和运输等方面都比较方便。

3. 难溶性磷肥

难溶性磷肥在水或弱酸里都难溶解，只能在较强的酸里溶解，如磷矿石粉和骨粉都是难溶性磷肥。

磷矿粉：磷矿粉是将磷矿石直接用机械粉碎磨细而成的，一般是灰色或黄褐色粉末，主要成分为磷酸三钙 $Ca_3(PO_4)_2$，它在酸性环境中能逐渐变成植物可以吸收的状态。一般含磷（P_2O_5）为10%～30%。磷矿粉直接用作肥料时，由于难溶解，故肥效更迟，肥效的延续时间较过磷酸钙更长。

常用无机磷肥的种类、含磷量及性质，见表2-10。

4. 施肥指标

不同的学者在不同地方，从不同角度调查研究，得到有效磷的临界值均为50μg/L。美国渔业用水质标准（1968年）规定了总磷指标，流动的河流不得超过100μg/L，湖泊水库内不得超过50μg/L；日本在1972年3月通过的"水产环境水质基准"中也规定了总磷指标，临界值为50μg/L。制定这些标准的目的在于防止不需要的藻类产生水华现象，防止深层水缺氧造成鱼、蚌、虾类窒息死亡。

通过借鉴国外的资料和经验，我国水产专家认为养殖水体施用磷肥的指标应按以下标准制定。

1）小鱼池（主要为精养鱼池）。在光照、温度有利于鱼类的生长季节，表水层内最好能保持有效磷为40～50μg/L或总磷大于100μg/L。

2）大水面养殖水体。为了避免富营养化和天然饵料过少两种倾向，最好能保持表水层有效磷为20～30μg/L。

3）磷的比例　国内外对于初级产量和鱼产量的试验一再表明，兼施氮磷肥料比单施磷肥效果好，根据理论值及生产实践证明，水生植物体中氮磷重量比平均为7:1，一般认为氮肥施入后很容易沉淀和散失，故应多施些，以色列的标准约为3:1，前苏联的部分学者认为这一比例应提高到5:1～10:1，而我国学者一般主张以（3～4）:1为宜。

表2-10　常用无机磷肥的种类、含磷量及性质

肥料类型	肥料名称	主要成分化学式	含磷量（%）	一般特性
水溶性磷肥	过磷酸钙（普钙）	$Ca(H_2PO_4)_2 + CaSO_4$	16~20	水溶性较差，速效，化学反应酸性，常含游离酸，含多量石膏
	重过磷酸钙（重钙）	$Ca(H_2PO_4)_2$	40~50	水溶性，速效，化学反应酸性，不含石膏
	氨化过磷酸钙（氨化普钙）	$Ca(H_2PO_4)_2 + CaSO_4 + CaHPO_4 + NH_4H_2PO_4$	13~20	水溶性，速效，化学反应中性，含多量石膏，另含铵态氮2%~3%
	安福粉	$(NH_4)_2HPO_4 + NH_4H_2PO_4$	30	水溶性，速效，化学反应中性，另含铵态氮18%
	鱼特灵	$Na_2HPO_4 + NaH_2PO_4$	22~25	水溶性，速效，白色粉末，公学反应碱性
	磷酸二氢钾	KH_2PO_4	52	水溶性，速效，化学反应碱性，含钾30%
弱酸溶性磷肥	含磷矿渣（汤姆斯磷肥）	$Ca_4P_2O_9$ 或 $Ca_3(PO_4)_2 \cdot Cao$	11~12	含多量CaO，化学碱性，溶于弱酸，迟效，另含Mn、Fe、Si、S等
	钙镁磷肥	$\overset{Ca}{\underset{Mn}{}}H_2(PO_4)_2$	12~18	与汤姆斯磷肥类似
	脱氟磷肥	$Ca_5(OH)(PO_4)_3$	18~30	微碱性，其余与汤姆斯磷肥类似
难溶性磷肥	硝酸磷肥（氮磷混肥）	$CaHPO_4 + NH_4NO_3 + Ca(NO_3)_2$	10	磷溶于弱酸，化学中性，含氮16%
	磷矿粉	$Ca_3(PO_4)_2$	14~25	不溶于水，在弱酸中缓慢溶解，肥效慢而持久，化学中性
	骨粉	$Ca_3(PO_4)_2$	20~35	与磷矿粉类似

五 钾肥

钾肥是池塘生物的化学过程中主要的营养物质之一。但一般池塘都含有较充分数量的钾，因此钾肥在池塘施肥中的作用比较小。钾肥主要用于底质为沙壤土或壤土的池塘，黏土和黏壤土一般不缺钾，不需要施钾肥。但钾离子能置换出胶体系统中的氢离子，因而能够促进磷酸盐的溶解，所以有些国家在向鱼池中施磷肥时总是同时施钾肥。

无机钾肥主要有以下几种：

（1）**氯化钾（KCl）** 氯化钾是以钾石盐为原料，采用溶解结晶法或浮选法制成。成品为白色结晶粉末，和食盐相似，有的产品因含有铁而呈现红色，含氧化钾（K_2O）50%左右。在水中施用后，钾被吸收，而氯与水中氢离子结合而成盐酸，故也是一种生理酸性肥料，和氯化铵相似，可用石灰中和调节至碱性。氯化钾肥料易溶于水，吸湿性较小，运输、保存、施用都很方便。

（2）**硫酸钾（K_2SO_4）** 硫酸钾是用含硫酸盐的钾矿或氯化钾加硫酸制成的，也有的用明矾提炼制成。成品为细小结晶粉末，白色或棕色，一般含氧化钾45.8%~52%，为生理酸性肥料。这种肥料，易溶于水，吸湿性较小，运输、保存、施用都很方便。在施入池塘后，钾离子常常被水体中的浮游植物吸收利用，硫酸根离子则残留在水体中，和硫酸铵的性质相似。如果与酸溶性磷肥配合施用效果会更好，既有助于磷的溶解，又不会使水质变酸。

氯化钾和硫酸钾都是速效肥，而且可以与各种肥料混合，不受影响，在池塘施肥时与磷肥一起施用效果更好。

（3）**窑灰钾肥** 窑灰钾肥是生产水泥的副产品，一般含钾（K_2O）8%~16%，含量高的也可以达到20%，除钾以外，还含有30%左右的氯化钙，和一定数量的镁、硅、硫及其他微量元素，均能被浮游生物直接吸收利用。

窑灰钾肥是一种灰色或灰褐色粉末状的肥料，含有钙、镁，呈碱性反应，易吸湿结块，不便于运输、包装和保存。施用时必须防止其灰尘进入人的眼、鼻、口腔，以免使这些器官的黏膜受损。

六 钙肥

钙对保持池塘水质有多方面的重要作用。鱼池施放钙肥（如石灰等），除直接作为各种水生植物、动物和鱼类的营养物质外，还有中和酸性环境，改善池塘淤泥和水质的酸碱度，使之适应水生生物和鱼类的生长发育，从而提高池塘产鱼力的作用。我国很多养殖地区利用石灰清塘，除了杀灭各种有害生物外，同时起到了施肥和改良水质的作用。如果池塘缺钙，水质较软时，施用任何其他肥料效果都极小；另外，施用大量有机肥时，池水中的腐殖质的含量较高，腐殖质与水中的钙离子结合成不溶的腐殖酸钙，也会造成池水缺钙。所以，无论是水源的水质硬度偏低的池塘，还是大量施用有机肥的池塘，都应适时施加钙肥。

钙肥的种类有生石灰 CaO、消石灰 $Ca(OH)_2$、和石灰石 $CaCO_3$ 等。

> ● 【提示】 总的来说，水体中 Ca^{2+}、Mg^{2+} 含量较多，作为营养物质，生物对它们的吸收作用相对较小。但钙有稳定 pH 等作用，通常作为水质改良剂，池水总硬度（$CaCO_3$ 含量）小于 10mg/L 时，即使施用无机肥，浮游植物也长不好；总硬度（$CaCO_3$ 含量）大于 20mg/L 时，施用无机肥料后，浮游植物才能大量增长。

七 碳

碳是一切有机物必需的组成成分，是一切植物生长必需的营养元素，其含量约占植物体干重的一半，需要量是磷的 40 多倍。

藻类能够吸收利用的有效碳，有三种形式：二氧化碳（CO_2）、碳酸氢根离子（HCO_3^-）和碳酸根离子（CO_3^{2-}）。CO_2 对一切藻类都有效，它能借扩散作用透过质膜，属于被动迁移，其速率主要受浓度梯度影响。HCO_3^- 和 CO_3^{2-} 只能为某些藻类吸收，属于主动迁移，要消耗代谢能。不过 HCO_3^- 和 CO_3^{2-} 有 CO_2 储存器的作用，在光合作用旺盛时，HCO_3^- 和 CO_3^{2-} 可以通过化学反应补给 CO_2。

研究指出：HCO_3^- 和 CO_3^{2-}、CO_2 的存在状态受 pH 的影响较大。在 pH < 4 时，只有 CO_2 存在；pH > 12 时，只有 CO_3^{2-}；pH 为 4.3 ~ 8.3 时，HCO_3^- 和 H_2CO_3 与共存；pH 为 8.3 ~ 12 时，HCO_3^- 和 CO_3^{2-} 共存。不同种类的植物对不同碳素形式的利用能力不同，如轮叶狐尾藻和眼子菜需要游离 CO_2；聚草和光叶眼子菜则可在水中含有 HCO_3^- 和 CO_2 很少的情况下生活；苔藓不能利用 HCO_3^-，许多底栖藻类则能利用；但是浮游植物和藻类对这两种类型的碳都能利用，在特殊情况下，常优先利用 HCO_3^-。

在天然水体中，因为碳可以由大气提供，来源较广，HCO_3^- 又是主要离子，因此，人们对于有效碳是否限制初级生产的可能性一直不予重视。事实上，我们在施肥养鱼过程中，也常常不考虑碳的施入量。

当氮磷比较高、浮游植物密度大、增殖快、pH 高的条件下，有效碳不足时，可在一段时间内成为初级生产力的主要限制因子。迄今为止，除蓝藻外，藻类均为三碳植物，已同化的二氧化碳，又有一半经呼吸作用释放到环境中，因而光合作用效率较四碳植物低得多，如果环境中二氧化碳浓度低，氧气浓度高，则三碳植物光呼吸特别强烈，光合作用效益将进一步下降。在白天光合作用旺盛进行的表水层内，恰好具有这种条件，这显然是不利的，不过在二氧化碳浓度高的环境中，三碳植物也可以长得很好。基于这一点，农业上采用施 CO_2 气肥的措施，提高气相中的 CO_2 的分压，取得了良好的增产效果；小规模培养藻类时，则采取连续通入富含 CO_2（3% ~ 5%）的空气的办法，增产也极显著。那么，养殖水体内 CO_2 浓度究竟多大才好呢？决定这一问题时，必须兼顾两个方面，既要对藻类生长有利，又要对鱼类生长无害。根据养殖生产和科研结果表明，用于孵化的水，含量以不超过 10mg/L 为宜，尽可能少些；养殖成鱼用水，则以不超过 25mg/L 为宜。如果 CO_2 浓度过低，则要施加 CO_2 或生石灰来改善水质。

八 硅

硅藻是肥水塘的主要标志之一，也是鱼类易消化的喜好性浮游植物之一。硅元素是所有研究过的硅藻都必需的一种大量营养元素，其含量可占硅藻无机物干重的60%以上（以 SiO_2 计算）。

被硅藻吸收的硅，大都用于构成细胞壁，但也参与一系列的代谢过程。水中缺硅时，硅藻细胞不分裂，蛋白质、DNA、RNA、叶绿素、叶黄素、类脂等物质的合成及光合作用均受损害。有专家认为硅在硅藻的生态方面，很可能占有中心位置。

硅藻是鱼、贝、虾类的良好活饵料，对鱼产量有重要影响，因此在养殖上，人们总是把硅与氮、磷并列，合称为"三大营养元素"或"三大营养盐"。除硅藻外，其他许多植物均需要硅元素。

可见，在天然水的 pH 条件下，硅酸主要以分子态 H_2SiO_3（水合 SiO_2-$SiO_2 \cdot H_2O$）和离子态 $HSiO_3^-$ 存在，前者多以水合二氧化硅胶体存在，后者主要以钠盐存在。不溶性硅化合物，主要存在于硅藻及其他一些生物体内或残骸中。研究者把能与钼酸铵试剂反应而被测定的硅酸盐称为"活性硅酸盐"。有关专家指出，活性硅酸盐，大多能被硅酸藻吸收利用，可作为水中有效硅含量的定量指标。pH 与硅酸的存在形式，见表 2-11。

表 2-11　pH 与硅酸的存在形式

平衡时硅酸不同形态的含量	pH				
	7	8	9	10	11
H_2SiO_3	99.6	96.1	71.5	20.0	2.4
$HSiO_3^-$	0.4	3.9	28.5	80.0	97.6

【提示】　各国渔业用水标准中，都没有规定有效硅的施肥指标。一般淡水水体内，胶体及悬浮态硅含量较高，因此，人们认为硅不是限制性营养元素。一般认为，淡水中活性硅含量变化在 $0.1 \sim 4.0 \mu g/L$，在其他营养物质充足，形成硅藻水华时，若表水层硅补给不及时，造成硅含量较低，就会限制硅藻的繁殖生长而使硅成为限制性营养元素。因此，在条件适合时，施肥养鱼应考虑硅的补给量。

九　复合化肥

复合化肥就是指同时含有两种或两种以上的营养元素的化肥。

（1）硝酸磷肥　硝酸磷肥是用硝酸分解磷矿粉，经氨化而成的氮磷二元复合肥料。制造这种肥料，优点是可以节省硫酸，又能提供氮素养分。硝酸磷肥有一定的吸湿性，含氮（N）20%，含磷（P_2O_5）20%，氮磷比为1:1，也有的氮磷比为1:0.5。肥料中所含氮素，既有硝态，也有铵态。磷素也是弱酸溶性磷和水溶性磷兼而有之。

（2）磷酸铵　磷酸铵，简称铵磷，是用氨中和浓缩磷酸而制成的，为氮、磷二元复合肥。由于氨中和的程序不同，所生产的复合肥有磷酸一铵和磷酸二铵两类。磷酸一铵的氮磷比约为1:5，含氮为11%~13%，含磷（P_2O_5）为51%~53%。磷酸二铵的氮磷比约为1:2.5，含氮为16%~18%，含磷（P_2O_5）46%~48%。目前渔民所施用的磷铵大多是二铵，所含的氮磷都是水溶性的，是以磷为主的复合肥，肥效相当稳定。

（3）氮磷钾三元复合肥　氮、磷、钾三元复合肥，一般都是混合肥料，是在硝酸磷肥、磷酸铵二元复合肥的基础上，添加单质钾盐制成的，所以它们的特性与二元复合肥相似。目前渔用的三元复合肥有以下几种。一是以磷酸铵为基础，添加尿素和氯化钾或硫酸钾。二是以硝酸磷肥为基础，添加氯化钾或硫酸钾。三是以磷酸铵为基础，添加氯化铵和氯化钾或硫酸钾。四是尿素重钙，尿素加重钙和氯化钾或硫酸钾。五是尿素普钙，尿素加普钙和氯化钾或硫酸钾。

三元复合肥的应用，应根据水质和鱼类生长的情况，有针对性地选用，最好是在缺乏某种主要的元素时来施加，效果会更好。

十　微量元素化肥

微量元素化肥，简称微肥。由于水生生物对微量元素的需求量是有一定限度的，不可能用量很大，因此施用微肥的数量和次数也是很有限的，微肥并不是每年、每个池塘、每个鱼种都要施用，而是根据对水质进行科学化验的基础上，明确水体中缺乏哪种微量元素及缺乏的程度，然后再有针对性地施用。常用的微肥有硼肥、铁肥、锰肥、锌肥、钼肥等。

> ➲ 【提示】 微肥既可作为基础肥料，也可以作为追肥。

十一 无机肥料的施用

1. 池水的判别

施肥养鱼主要是向水体施加外来的营养元素，以补充因捕捞渔获物而带走的氮、磷、钾、钙、硅等营养元素，促进水体内鱼类易消化的浮游植物、浮游动物大量繁殖而提供天然饵料，因此在施肥前有必要先检查池水的肥瘦。

通常从水色、水华、油膜并用化学手段检测来判断水体的肥瘦程度（见第一章第三节）。

> ➲ 【提示】 如果是肥水，则应保持优势种群，可暂不施肥；如果是水华水，则应采取相应措施，控制优势种群的继续发展；如果是瘦水，则要根据相应的水质、土质和环境，适当施加肥料，促进饵料生物的快速发展。

2. 无机肥的用量

池塘施用各种无机肥的数量，因土壤的结构与特点、池塘的条件、水质的肥瘦、池水的深浅、养鱼的方式及水平、饲养鱼的种类不同而有所差异。前苏联施放无机肥料的暂定指标为：一般每公顷施放氮肥 20～25kg，平均能增产鱼类 100kg；每公顷施放磷肥（以 P_2O_5 计算）15～20kg，也可增加到 30kg/公顷，但不宜超过 35kg/公顷，在池塘中施入 1kg 磷肥能增长鲤鱼 0.44～1.2kg；每公顷施放钾肥（以 K_2O 计算）20～30kg 或更多，视池塘土壤含钾量的不同而异。

我国广大渔业工作者和渔农在生产实践中总结并形成了自己的施肥养鱼理论和施肥指标。氮肥的用量以所含的氮计，基肥为每亩2～2.5kg。铵态氮肥少施一些，硝态氮肥多施一些。以后每次追肥的用量为基肥的 1/4 ~ 1/3，全年总的用量为每亩 20kg。各种氮肥的实际用量可根据含氮量进行换算。例如硫酸铵的含氮量约为 20%，那么每亩施基肥数量如按需氮 2kg 计算，则需施硫酸铵的量为 2 × 100/20 = 10kg；追肥量为 2.5 ~ 3.5kg/次，同理可得全年用量为 40 ~ 60kg。

根据各地区土壤中所含磷量的不同，磷肥的施用量以 P_2O_5 计算，基肥为每亩 1 ~ 2kg，追肥为基肥的 1/4 ~ 1/3，全年用量为 7 ~ 15kg。

施用钾肥时，其用量以 K_2O 计算，基肥为每亩 0.5kg，追肥为基肥的 1/4 ~ 1/3，全年用量为 1.5 ~ 2.5kg。

钙肥的用量要根据池塘的底质性质、腐殖质的多少、pH 的高低、是否大量施用有机肥料以及水源、水质的硬度大小等条件综合考虑。当池塘为黏土底质、腐殖质较多、大量施用有机肥、水源的硬度较低时要多施钙肥；反之，则宜少用。我国渔农在结合清塘施用生石灰时，根据池底腐殖质的多少，用量一般为 50 ~ 100kg/亩（常用量为 75kg/亩），生石灰作追肥的用量，为每次 4 ~ 5kg。

3. 无机化肥的施用比例

我国在池塘中施用无机肥料养鱼已进行了一些试验，取得了许多宝贵经验。在池塘中施用无机肥料，一般氮肥以硫酸铵、碳酸氢铵、碳酸铵、氨水、尿素等为主；磷肥则以过磷酸钙为主。根据具体情况可以单独施用氮肥或磷肥，也可以氮肥和磷肥混合施用。一般而言，氮、磷肥混合施用能更好地促进浮游植物的繁殖，施用后的效果更好。由于无机肥料施用后的主要目的是促进浮游植物的发展，而浮游植物的增殖能力强、繁殖速度快，故无机肥料更适于作追肥施用。各种水体施放氮、磷肥的比例，要根据水体的水质、底质情况而确定。

> **【提示】** 一般来讲，以 1kg 尿素（含氮 42% ~ 46%）配 2 ~ 3kg 的过磷酸钙（P_2O_5 含量为 14%）比较好，其氮、磷比例为 (3 ~ 4):1，如果水体的底质是黄壤沙质地，磷肥用量比较大，则氮、磷的比例以 3:1 为好。

4. 施肥的时间、次数和方法

（1）施肥的时间　在水体中投施化肥是一项技术性很强的工作，切不可疏忽大意，总的原则是少量多次、少施勤施，充分发挥化肥的作用，避免浪费，提高经济效益。施肥的时间与水温有密切的关系。一般情况下，当水温上升到15℃以上时，就应先施基肥，要求一次性施足，以后就施化肥作为追肥，必要时辅以厩肥。当水温上升到20～30℃时，浮游植物在适宜的光照、温度条件下，繁殖期到来，需要大量的能量供应，此时也正是鲢、鳙、鲮鱼快速生长的旺季，化肥的总量要多施，施肥的次数要多，通常选择在晴天中午施肥。

（2）施肥的次数　无机肥大多数是速效肥，用作追肥效果较好，施用时宜少量多次。在鱼类快速生长期间，最好每3～4天施用一次，至少每周施用一次，以确保池水肥度适宜且稳定。化肥肥效的消失时间与水温也有密切的联系，一般在20～25℃时为7～10天、25～30℃时为3～5天（表2-12）。因此，在施肥过程中应掌握肥效的消失时间，及时准确地施加追肥，确保肥效的持续性和稳定性。

表2-12　化肥施用次数、用量参考表

水　　温	每月施肥次数	每次施肥用量/（kg/亩）	氮、磷消失时间/天
20℃以下	2～3	3.5～5	10～15
20～25℃	4～6	3.5～4	7～10
25～30℃	6～8	2～1.5	3～5

注：一般以草食性鱼类为主的鱼池，可少施或不施化肥，也可增加磷肥或减少氮肥。

5. 施肥的方法

无机肥的施用比较简单。生石灰需要结合清池或消毒施于塘底或单独泼洒。施肥时，先将各种化肥放于桶内或其他较大的容器内，然后用水溶化并稀释，均匀洒于塘面上，施肥采取少量多次、少施勤施的原则，通常选择在晴天中午光照强度大的时候进行，雨天尽量不施，在天气闷热的情况下宜少施或不施，但如果连续阴雨，水质较瘦时，化肥也得及时施用。

⚠️ 【注意】 在混合用氮肥、磷肥时，必须先施磷肥，后施氮肥，次序不能颠倒，也不可同时进行。如果氮肥、磷肥同时施用，就会产生一种有毒、无肥效的偏磷酸，这将大大降低施肥的效果。

⚠️ 【注意】 氨水碱性较强，不宜与过磷酸钙混合施用，它具有较强的挥发性，施用时应避免有效成分的挥发而损失。根据广东的经验，可将整坛氨水放入池塘中，然后在水中把盖打开，将坛斜放，使氨水慢慢冒出，这样可避免在岸边倾倒时，氨挥发损失，并熏死塘埂上种植的鱼草或农作物。

第四节　池塘的合理施肥

一　合理施肥的优点

有机肥料或无机肥料单独施用时各有优缺点，均可带来不同程度的副作用，达不到合理施肥的要求。如果将二者同时施用或交替施用，可以充分发挥两类肥料的优点，相得益彰。

1）从养鱼的全过程看，池塘合理施肥首先要保持池水营养盐类的总体平衡，防止营养元素单方面过剩，而白白浪费掉。

2）混合施用，既有速效的化学养分，又有缓效的有机养分，同时相互间弥补了缺点，因而可能得到更好的施肥效果，并节约肥料消耗量。

3）可以根据不同养殖模式和投喂饲料形成的水质特点，选择合适的肥料，肥料的来源和施用方法多样化。

4）有机肥料和无机肥料混合施用比单独施用某一种肥料更有利于促进浮游生物的发育，无机的过磷酸钙肥料和有机肥料混合或堆沤后施用，可减少氮元素被土壤固定的机会，同时过磷酸钙和有机肥料堆沤时有保氮作用——有机氮分解成铵态氮时，与过磷酸钙作用生成磷酸铵，可防止变成氨气挥发而损失。

5）有机肥施入池塘后，在分解过程中需消耗大量的氧气，如果配合无机肥施用，浮游植物大量繁殖，其光合作用产生的氧，可以补偿池水中溶氧的消耗，使池水保持具有充足的溶氧条件，防止施肥后，因缺氧引起鱼类浮头泛池，有利于鱼类的摄食与生长。

6）有机肥料肥效持久而缓和，宜作基肥施用，无机肥料肥效快但作用时间短，宜配合作追肥施用，因此要根据有机肥料和无机肥料的特点，选择合适的有机肥料或无机肥料（表2-13）。

表2-13 有机肥料和无机肥料比较表

项　　目	有机肥料	无机肥料
肥料养分	含多种营养元素，肥分全面，但每种营养元素含量相对较低	营养元素单一，只含1~2种营养元素，但相对含量高
肥效速度	迟效	大多为速效，一部分磷肥为迟效
对水质的作用	耗氧量大，易引起池水缺氧	耗氧小，增殖藻类快，池水溶氧高
对底质的作用	对新开挖的池塘、瘦水池改良底质具有明显作用	除钙肥外，对改良底质效果不明显
培育饵料生物效果	培育细菌、浮游动物、底栖生物效果好，部分可作为鱼类饵料	培育浮游植物效果好，不能直接作为鱼类饵料
毒性	一般无毒性	铵（氨）态氮肥、生石灰等对鱼类有一定毒性，特别是在水温高、pH高时
施用方法	基肥、追肥均宜，但以基肥为佳	一般宜作追肥
对各类池塘的施肥效果	对各类池塘的施肥效果均好	对肥水池施肥效果好，对瘦水池效果往往不佳
来源	来源广，可就地取材	购买商品肥
施肥操作	施肥量大，操作麻烦	施肥量小，操作方便

二 有机肥料、无机肥料配合施用的选择

池塘施用的肥料种类、成分和性质各不相同，在具体储存和施用时要根据它的性质来决定可否混合施用，有些肥料可以混合施用，混合后双方优缺点互补，不但养分没有损失，而且还能改善物理性状，加速养分转化，减少对植物的副作用，从而提高肥效，例如无机的过磷酸钙肥料和有机肥料混合施用。

有些肥料则不能混合施用，如果盲目混合施用，就可能引起养分损失、肥效降低甚至毒害鱼类，例如磷肥与石灰、草木灰等强碱性物质混合时，则生成不溶性的磷酸三钙，影响肥效，这类肥料就不能混合施用。

有些肥料可以混合施用，若立即施用，尚无不良影响；但混合后长期放置，就会引起有效成分的减少或物理性状的变坏，增加施肥困难等。

> ➡ 【提示】 各种肥料是否可以混合施用，主要取决于它们本身的性质。一般而言，酸性肥料和碱性肥料不宜混合施用；混合后产生气体逸出或产生沉淀而使养分损失的则不宜混合施用；影响双方肥料有效成分稳定性的不宜混合施用；混合后产生有毒物质，如 NH_3、H_2S、HPO_3（偏磷酸）等，有毒害、破坏水质的肥料不宜混合施用。

根据多年来科技工作者总结的经验，各种肥料混合施用的情况如图 2-4 所示。其中，"√"表示两种肥料可以混合施用；"×"表示两种肥料不能混合施用；"△"表示两种肥料混合后要立即施用，不宜久存，否则会降低肥效。

在养殖生产中可供使用的肥料种类很广，肥源很丰富，施肥方法也很多。除了图 2-4 中这些无机肥料外，以有机肥料为主的肥源在渔业生产上也被广泛施用，且效果较好，在生产实践中应根据本地肥源的易得性及成本高低，合理选择高效、污染少的适宜的肥料，在广大农村生产中，为了节省开支，广积肥源，各地可按照表 2-14 选择适宜的肥料。

肥料	硫酸铵、氯化铵	碳酸氢铵、氨水	尿素	硝酸铵	石灰氮	过磷酸钙	钙镁磷肥	磷矿粉肥	硫酸钾、氯化钾	窑灰钾肥	人粪尿	石灰、草木灰
硫酸铵、氯化铵												
碳酸氢铵、氨水	△											
尿素	√	√										
硝酸铵	√	√	△									
石灰氮	×	×	×	√								
过磷酸钙	√	√	√	√	×							
钙镁磷肥	×	×	×	×	√	△						
磷矿粉肥	√	√	√	√	√	△	√					
硫酸钾、氯化钾	√	√	√	√	√	√	√	√				
窑灰钾肥	×	×	×	×	×	×	×	×	△			
人粪尿	△	△	△	△	×	√	√	√	√	√		
石灰、草木灰	×	×	×	×	√	×	×	×	×	×	×	
堆肥、厩肥	△	△	△	√	√	√	√	√	√	√	√	×

图2-4 各种肥料混合施用情况图

表2-14　肥料的选择

项目 肥料种类	绿肥	粪肥	混合堆肥（厩肥）	无机混合肥	有机无机混合肥	生活污水
营养物质	全面	全面	全面	较差	全面	全面
对水质影响	易污染	易污染	可能污染	无污染	不致污染	易污染
病害传染	易传病	易传病	未发现	不传病	未发现	未发现
来源	广	广	广	尚有困难	尚有困难	不广
成本	低	低	低	较低	较低	最低
操作	简便	简便	较复杂	最简便	简便	简便

三　有机肥料与无机肥料配合施用的模式

1. 有机肥料与无机肥料相结合的施肥模式

有机肥料的一个重要特点就是当它们被投入池塘后，需要经进一步分解后才能释放出营养物质，而这种分解过程是需要消耗池水中大量的溶解氧的。据科学研究测算，分解1g有机物约需消耗1.56g氧气，所以有机肥料施用不当会造成池水缺氧而死鱼的现象，尤其是有机肥没有经充分腐熟后直接进入池塘而且一次投入量较多时，更容易发生池塘缺氧现象。另外在鱼类主要生长季节，水温较高，池塘里各种生物的新陈代谢能力非常强，鱼类的摄食能力也非常强，由于大量投饵，残余的饵料沉积在水底腐烂，导致池水中有机物含量较高，耗氧量本身就非常大。因此，不能施用耗氧量大的有机肥料。加之此时池水并不缺氮，而主要缺磷，所以应施无机磷肥。

> ➡ **【提示】**　目前全国各地的高产鱼塘都采取"抓两头（春秋两季水温低时施用有机肥料）、带中间（夏季水温高时施用无机肥料）""重施基肥（基肥占全年有机肥料的70%～80%）、巧施磷肥，以磷促氮、改善水质"的施肥原则，改善了池塘溶氧状况，促进池塘浮游生物稳定和持续的生长，生产上行之有效。

2. 有机肥料与无机肥料混合施用的施肥模式

这种施肥模式主要是用于瘦水池的追肥，施用方法是在施用腐熟有机肥料的同时，施放合适的无机肥料，目的是发挥两种肥料各自的优点，达到取长补短的效果。

首先，无机肥料是一种速效肥，具有肥力发挥快速的优点，当无机肥施用进入池塘后，能迅速促使浮游植物大量繁殖，它们的光合作用能产生很多氧气，以弥补有机肥料造成池水含氧量不足的状况，改善了池水溶氧条件，这样使水质肥沃，溶氧量充足，有利于优质饵料生物的繁殖和鱼类的成长。

其次，有机肥料是长效肥，肥力持久，而且具有水质稳定的优势，由于施用有机肥料后需经过一段分解过程，才变成浮游植物能利用的有效养分，这对于一些瘦水池塘来说，难以满足它们急需快速肥水的要求。因此这时配合施用无机肥料，由于无机肥并不需要经过分解过程，可直接和及时提供有效养分，弥补有机肥料的不足，使水质肥而稳定，促进浮游植物稳定持续地繁殖，为鱼类提供大量的天然饵料。

最后，有机肥料和无机肥料混合施用，也有利于提高氮肥和磷肥的利用率。

四 池塘施肥的时间

在鱼类主要生长季节的晴天中午，表层水温高，水的热阻力大，造成池水的分层现象。上层水温高，浮游植物的光合作用强烈，上层水氧气超过饱和度而产生大量氧气，这时进行施肥，不会导致池塘缺氧。

⚠ **【注意】** 养鱼池塘的施肥时间选择在晴天的午间（10：00～14：00）进行为佳。

五 施用肥料的比例

水生植物是按一定比例，同时从水中吸收各种营养元素的，因此在施用无机肥料时，氮、磷、钾肥或氮、磷肥的混合施肥，和有机肥与无机肥的混合施用，都必须充分考虑各种营养元素的比例。

施肥，特别是施无机肥料时，最好将各种肥料按一定的比例混合施用。

各种肥料的比例和施肥效果有密切的关系。配合比例适当、适量施肥后，浮游生物的数量可以得到很大的增长。

> ◆ 【提示】 在池塘中培养浮游生物时，氮、磷酸、氧化钾的施放比例以 2∶2∶1 为好。

例如我们在对一口 20 亩的池塘进行施肥时，同时一次性施用氮、磷、钾混合肥，其中所用氮肥为硫酸铵，含氮（N）20%，磷肥为过磷酸钙，含磷酸（P_2O_5）17%，钾肥为硫酸钾，含氧化钾（K_2O）33%。它们的用量可按下述方法计算：

按 N∶P_2O_5∶K_2O 为 2∶2∶1 配合时，需：

硫酸铵的比例是 $2 \times 100/20 = 10$

过磷酸钙的比例是 $2 \times 100/17 = 11.8$

硫酸钾的比例是 $1 \times 100/33 = 3.03$

三者合计：24.83

如每亩池塘施用上述混合肥料 7kg，它们的各自的用量为：

硫酸铵（氮肥）用量为 $10 \times 7kg/24.83 = 2.8kg$

过磷酸钙（磷肥）用量为 $11.8 \times 7kg/24.83 = 3.3kg$

硫酸钾（钾肥）用量为 $3.03 \times 7kg/24.83 = 0.9kg$

那么整个 20 亩的池塘总施肥量为混合肥料 $7kg \times 20 = 140kg$，它们的各自的用量为：

硫酸铵（氮肥）用量为 $2.8kg \times 20 = 56kg$

过磷酸钙（磷肥）用量为 $3.3kg \times 20 = 66kg$

硫酸钾（钾肥）用量为 $0.9kg \times 20 = 18kg$

六 合理施肥需要达到的效果

1. 保持池水营养盐类平衡

众所周知，鱼类只有摄食全价营养的饵料，才能迅速生长。同样，池塘中浮游植物吸收水中的营养盐类也需要有一定的比例，才能促进它们快速生长繁殖，保证池塘的初级生产力，从而使池塘养鱼高产得到保证。

> **【提示】** 据测定，浮游植物需要的水中常见营养元素组成的比例是：碳：氮：磷＝41：7.2：1。即浮游植物在光合作用过程中需耗41mg碳、7.2mg氮和1mg磷，才能生长100mg的细胞物质（干重）。水中营养盐类只有达到这个比例，才是平衡的、合理的。如果水中营养盐类的组成比例失调，就应该针对水中所缺乏的营养盐类，选择某种肥料，用施肥的方法加以补充，以调节水中营养盐类组成，保持水中营养盐类平衡。这就为池塘的合理施肥提供了理论依据。

我国精养鱼池营养盐类的特点是有效氮高，有效磷低。在鱼类主要生长季节，有效磷往往成为池塘初级生产力的主要限制因子，因此我们要重点考虑及时施加磷肥。

造成我国池塘水体的营养盐类高氮低磷的原因，主要有以下几点。

1）我国养鱼池塘大量施用有机肥（尤其在早春），这些有机肥一般以猪粪、牛粪、人粪等最多，它们都是有机氮肥，其含氮量远比含磷量高。

2）在鱼类主要生长季节投喂的大量天然饵料和商品饲料，并没有及时被鱼类全部吃完而沉积在池塘底部，另外，鱼吃的多，排泄的也多，这些鱼类粪便和残饵中的有机氮高，而这些生物的尸体、粪便和残饵分解首先形成氨氮，排放在水体中，从而造成了池塘里高氮的现象。

3）鱼类对蛋白质的吸收利用率不高，即使是全价配合饲料，其蛋白质的利用率也不超过35%，因此饲料中有很大一部分蛋白质最后均以氨的形式排入水中。

4）即使池水的总磷较高，但由于水的pH较高（7.5~8.5），有效磷本身的溶解度较低，加之有效磷极易被淤泥等胶体物质所吸附或被重金属所络合，造成磷的退化。因此池水的有效磷很低。

2. 施肥必须满足养殖模式的需要

池塘有效氮和有效磷的具体含量主要与养殖模式、投饵施肥的

池塘施肥

类型有关。表2-15就是水产专家在无锡精养鱼池进行不同投饵施肥类型时的有效氮与有效磷的含量变化试验结果。这个结果表明在施肥时，必须根据不同养殖模式和投喂饲料形成的水质的特点，选择合适的肥料，才能达到预期的养殖目标。

表2-15　不同饲养类型有效氮与有效磷的含量变化（无锡河埒乡）

项目	类型	鱼鸭混养池	颗粒饵料池	天然饵料 + 精饲料	天然饵料 + 精饲料 + "鱼特灵"
总亩净产/kg		1010	1032	1128	1210
鲢鳙亩净产/kg		498	180	188	214
有效磷/（mg/L）		0.047±0.021	0.022±0.008	0.009±0.004	0.037±0.022
有效氮/（mg/L）		1.66±0.74	0.82±0.42	1.94±0.49	1.33±0.54
所占比例	总铵氮	49.9%	65.8%	60.9%	52.8%
	亚硝态氮	10.6%	12.2%	24.4%	11.7%
	硝态氮	39.5%	22.0%	14.1%	35.5%
有效氮∶有效磷		35.3∶1	37.3∶1	215.6∶1	35.9∶1

> **【提示】**　必须强调指出，上述施肥方法仅在精养鱼池起作用。这是由于精养鱼池水中含有大量的有效氮，而严重缺乏有效磷。此时施用磷肥，可以调节有效氮与有效磷之间的比例。以施用磷肥促进氮肥的利用，改善水质，达到事半功倍的效果。如果是粗养鱼池或瘦水池塘，池水的有效氮和有效磷均很低，无机氮肥和磷肥应同时施用。

第五节　施肥的十忌

施肥养鱼是作为提高鱼产量的有效措施之一，被广泛应用到渔业生产中，但是，由于种种肥料有其优缺点，同时施肥也是一门专业性较强的学问，为了充分有效地发挥施肥养鱼的最大效果，切记施肥的"十忌"。

一 忌雨天施肥

雨天施肥至少有四大弊端：①天气阴暗光照减弱，水体中浮游植物光合作用不强，对氮、磷等元素的吸收能力较差；②随水流带进的有机质较多，不必急于施肥；③水量较大，施肥的有效浓度较低，肥效也随之降低；④溢洪时，肥料流失多。

二 忌闷热天施肥

天气闷热时，气压较低，水中溶氧较低，施加肥料后则使水中有机耗氧量增加，极易造成精养鱼池因缺氧而浮头泛池；同时，天气闷热时，可能即将有大雨降临，犯了下雨天施肥的大忌。

三 忌浑水施肥

水体过分浑浊时，说明水体中黏土矿粒过多，氮肥中的铵离子和磷肥及其他肥料的部分离子易被黏土粒子吸附固定、沉淀，迟迟不能释放肥效，造成肥效的损失。

四 忌化肥单施

施肥的主要目的是培育水体中的鱼类易消化的浮游植物与浮游动物，经过食物链与能量流动，最终供鱼类食用。浮游生物吸收营养是有一定比例的，一般要求氮、磷、钾的有效比例为4：4：2，如果单施某种化肥，肥料的营养元素比较单一，则其他的营养元素就会成为限制因子而制约肥效的充分发挥。

五 忌盲目混施

某些酸性肥料与碱性肥料混合施用时，易产生气体挥发，或沉淀沉积于淤泥中而损失肥效；某些无机盐类肥料的部分离子与其他肥料的部分离子作用也可导致肥效丧失；有些离子被土壤胶粒吸附也会导致肥效丧失。因此，并不是每种肥料都可以混合施用的，具体施用情况见图2-1。如果因防治鱼病，调节水质而施放生石灰时，最好等10～15天后再施过磷酸钙，以免使肥效丧失。

六 忌高温季节施肥

施用肥料的鱼塘最适合做主养鲢、鳙等肥水性鱼类的精养鱼塘。

根据鲢、鳙鱼的生长规律（即鲢、鳙鱼所摄食的浮游生物的生长规律），鱼塘施肥的季节宜在每年的 5～10 月，选择水温在 25～30℃的晴天中午进行，但并非温度越高越好。因为在 7～8 月的高温季节，水体中许多鱼类喜食的浮游生物种群较少，在水温超过 30℃时应停施少施肥料，特别是有机肥料易引起水体溶氧降低，如果此时仍一味施肥，不仅会浪费肥料、提高养殖成本，而且会败坏水质，引起浮头泛塘。

七 忌固态化肥干施

干施的氮、磷肥呈颗粒状，由于其自身的重力因素，它们在水表层停留的时间较短，易沉入水底，陷入污泥的陷阱中，从而影响肥效。正因为这个原因，许多鱼类专家将淤泥比喻成磷肥的"陷阱"。一般在施用固态氮磷肥时，采用溶解后兑水全池泼洒的方法为最佳。

八 忌鱼摄食不旺或暴发鱼病时施肥

在鱼摄食不旺时施肥，培育的大量浮游生物不能及时有效地被利用，易形成水华，败坏水质；而在暴发鱼病时，鱼体的抵抗力减弱，若铵态氮肥施用较高，则易使鱼体中毒死亡，同时在暴发鱼病时，鱼的摄食能力下降，也不宜施肥。

九 忌一次施肥过量

如果过量施用铵态氮肥，会使水体中氨积累过多，造成鱼中毒现象；同时施用有机肥过量，则使水体中有机物耗氧量增大，容易造成鱼池缺氧而泛塘，所以施肥时，千万不能图省事，一次将肥料下足，应严格遵循"少量多次、少施勤施"的八字施肥方针，一般要求 3～5 天施追肥一次，使池水的总氮有效浓度始终保持在 0.3mg/L 以上，总磷浓度保持在 0.04mg/L 以上。

十 忌施肥后放走表层水

肥料施入水体后，经过一系列的理化反应，3～5 天后才可以转化成浮游生物，7 天左右优势种群的数量达到高峰期，而且浮游生物的种群一般均匀分布在水体表层的 1～2m 处。如果施肥后放走表层水，则培育的浮游生物明显受到损失，造成肥效的下降，如果确因农业用水的需要，此时应从底涵放走水。

【提示】 掌握施肥技术在于既要使水质变肥，鱼类易消化的浮游生物的种群和数量多，又要使水中溶氧不致过低，而影响鱼类的生存和生长。因此，施肥时应掌握科学施肥，注意以上所述的施肥十忌。

第三章
池塘养鱼的人工繁殖

在池塘养殖鱼类时，为了解决苗种的需求，需要进行亲鱼的人工繁殖，人工繁殖技术包括亲鱼培育、催情产卵、孵化等三个部分。由于在池塘里养殖的主要是鲢鱼、鳙鱼、草鱼、青鱼四大家鱼和鲤鱼、鲫鱼、鲂鱼和鳊鱼等，因此本书也主要阐述四大家鱼和这些小品种的人工繁殖。

第一节　人工繁殖的基础知识

一　人工繁殖的概念

在池塘里进行鱼类人工繁殖就是在人为控制下，利用池塘这个载体，通过强化培育使亲鱼的性腺发育达到性成熟，再通过流水刺激、注射催产剂等生态、生理的方法，促使亲鱼产卵、孵化而获得鱼苗的一系列过程。

二　人工繁殖的作用机理

鱼类进行人工繁殖时主要取决于鱼类的性腺发育状况，在性腺发育的整个过程中，鱼体内受到内分泌腺分泌激素的控制，而内分泌腺的分泌作用又受到神经系统的管制，这些都是鱼类繁殖的内部规律。鱼类人工繁殖就是要掌握这个规律，提供可靠的理论依据和技术措施。

三 我国鱼类人工繁殖的历程

我国池塘养鱼的人工繁殖先是人工采集江河水域中的天然鱼苗，后来发展到在江河水域主要是在长江水域利用自然环境进行四大家鱼的人工繁殖，再发展到利用池塘进行亲鱼的强化培育，通过人工注射催产剂的方式进行人工繁殖。

四 鱼类的性周期

简单地说，鱼类的性周期就是指鱼类的性腺发育的周期，也就是鱼类的性腺成熟随季节、水温的变化而呈规律性周期变化的现象。所有的鱼类在没有达到成熟之前，是没有性周期现象的。只有达到性成熟后，才具有性周期。一般来讲，四大家鱼的性腺一年成熟一次，因此一年为一个性周期；但在热带或亚热带地区，由于水温较高，加上其他条件适合，它们的性腺一年也可以成熟两次甚至三次，那么它们的性周期就相对较短，我们通常称为一年两个或三个性周期。

生活在长江流域的四大家鱼，在自然条件下，一年产卵一次，性周期为一年。在这一年中，性腺的发育是有一定的规律性的。这里以四大家鱼的雌鱼为例来说明。在冬季（11 月～第二年 1 月）时，水温较低，鱼类的活动能力较弱，新陈代谢的能力也很弱，几乎不吃食，身体补充的营养很少，依赖秋季大量摄食且聚积在体内的能量做保障，与之相对应的是它们卵巢的发育也基本上是处于停滞状态，只占体重的 5%～6%，肉眼可观察到亲鱼的腹部基本平坦，与一般的成鱼没有什么太大的区别。进入春季（2～4 月），春暖花开，水温渐渐升高，活动能力也渐渐变强，鱼类开始摄食，而与此同时，鱼体内的能量也渐渐向性腺转移，因此此时鱼的卵巢开始发育，占体重的 5%～10% 左右，从外观上看，雌鱼的腹部已渐渐膨大，但是仍然不太明显。到了夏季（5～7 月）时，由于水温适宜，环境适当，亲鱼的摄食能力很强，摄取的营养也非常丰富，这些营养就会充分转移到性腺上，结果导致雌鱼的卵巢长势迅猛，增重显著，占体重的 17%～20%，处于繁殖期。此时肉眼可见雌鱼腹部非常膨大，只要水温适宜，即可进行人工催产，从而促进成熟和产卵。

71

进入秋季（8～10月）后，由于亲鱼已产过卵，卵巢明显萎缩，约占体重的10%左右，此时肉眼可见腹部明显减小。

> ➡ **【提示】** 四大家鱼精巢的周期性变化与卵巢一样，只有在性成熟以后，才出现性周期。一般讲，雄鱼的性成熟年龄比雌鱼要早一年。

五 繁殖力

所谓的繁殖力就是指四大家鱼繁殖的能力。鱼的繁殖力受鱼的性成熟年龄、性周期、怀卵量、产卵量及鱼苗的成活率等因素的影响。那些性成熟早、怀卵量大、产卵量大的鱼一般被认为繁殖力强。在评估鱼的繁殖力时常常用到两个专业术语，一个是怀卵量，另一个就是产卵量。通常怀卵量高的鱼，产卵率不一定高，但是绝对产卵量非常高；那些产卵率比较高的鱼，说明在进行亲鱼培育时，培育水平较高，亲鱼的性腺发育很好。

1. 怀卵量

怀卵量是评价繁殖力的最重要的指标，分为绝对怀卵量和相对怀卵量。亲鱼卵巢中的怀卵数称为绝对怀卵量；绝对怀卵量与体重之比为相对怀卵量，也就是每千克体重的怀卵量，可以用公式来表示：

$$相对怀卵量 = \frac{绝对怀卵量}{体重}$$

四大家鱼的绝对怀卵量一般都很大，且随体重的增加而增加；成熟系数为20%左右时，相对怀卵量在120～140粒/g。

2. 产卵量

产卵量也就是亲鱼经过注射催产剂后产出来的所有卵的数量。产卵量要比怀卵量少，这是在人工繁殖条件下进行计算的，青鱼、草鱼、鲢鱼、鳙鱼的亲鱼每千克体重平均产卵量一般为5万粒左右，最高产卵量每千克可达10万粒左右。

> ⚠ **【注意】** 产卵量与怀卵量的比值就是产卵率，产卵率越高的亲鱼，说明早期亲鱼培育得越好。

六 温度对鱼类繁殖的影响

1. 温度对亲鱼的性腺发育具有重要作用

鱼类是变温动物，温度不但影响它们的生长发育，同样也是影响鱼类成熟和产卵的重要因素。虽然维持鱼类生存的温度范围较广，但适于生殖的温度一般较窄。在进行鱼类的人工繁殖时，我们可以人为地通过温度的变化，来改变鱼体的代谢强度，加速或抑制性腺的发育和成熟的过程。例如鲤鱼和四大家鱼卵母细胞的生长和发育正是在环境水温下降而身体细胞停止或降低生长率的时候进行的，水温越高，卵巢重量增加越显著，卵子的形成速度也越快。

2. 水温影响亲鱼的性成熟年龄

研究表明，四大家鱼的性成熟年龄与水温（总积温）的关系非常密切，这种关系表现为性腺发育速度与水温（热量）是成正比的。对那些性腺发育已经成熟的鱼类，在适宜的范围内，水温越高，它们性腺发育的速度越快，发育周期成熟所需的时间就越短。生产上的典型例子是利用电热厂的温排水培育鲢、鳙鱼亲鱼，鲢、鳙鱼的性腺发育速度明显加快，这也是提早家鱼人工繁殖的有效方法。

3. 温度与鱼类排卵、产卵也有密切的关系

性腺发育是进行人工繁殖的基础，但是外部条件也是必需的，尤其是温度条件必须达到一定要求，否则即使亲鱼的性腺已发育成熟，但温度达不到产卵或排精的要求时，也不能完成生殖活动。

> ➡ 【提示】 在池塘养殖进行四大家鱼的人工繁殖时，一定要掌握温度，包括当地的气温和水温，只有温度适宜，加上亲鱼培育时的营养条件跟上，才能确保鱼类繁殖的顺利进行。

第二节 四大家鱼的人工繁殖

草鱼、青鱼、鲢鱼、鳙鱼是我国特产的经济鱼类，是我国水产养殖的"当家鱼"，俗称"四大家鱼"，也是世界性的重要养殖鱼类。根据我国的水产统计报表，我国鲢、草、鳙鱼的产量分别占我国淡水鱼产量的第一、第二、第三位。在自然水域中，它们都是敞水性产卵的类群，在长江、淮河、黑龙江、珠江等水域中，都可以自然繁殖（黑龙江水域没有鳙鱼产卵场除外）。在南方珠江等水域中，除了四大家鱼外，还有鲮鱼。现在为了满足养殖需求，我们都可以在池塘里对它们进行人工繁殖，由于这几种鱼的繁殖生态要求相似，故合并在一起介绍。

一　亲鱼选择与培育

亲鱼指已达到性成熟并能用于人工繁殖的种鱼。

"老子英雄儿好汉"，只有好的亲鱼才能确保繁殖出来的鱼苗是优质的，因此亲鱼的培育是至关重要的。培育可供人工催产的优质亲鱼，是鱼类人工繁殖决定性的物质基础。所以，亲鱼的培育过程就是围绕创造一切有利条件使亲鱼性腺向成熟发展的过程。

1. 亲鱼的选择

要想繁殖好的鱼苗，首先要选择好的亲本，只有好的亲本才是优质后代的保证。

(1) 种质选择　四大家鱼种质标准和种质资源的建立，为实现良种生产的科学化、标准化、系列化和产业化创造了良好条件。因此，在进行种质选择时一定要做到以下几点。

1）用来繁殖的家鱼，其亲鱼不能随便从市场上选购，必须从原种基地引进原种后备亲鱼（或鱼种），即使是从长江天然水域捕获的，也需要进行一定时期的驯化和培育，使其达到繁殖要求的性能。

2）为了保持大量的有效群体，保证生产性能的优势能得以持续，引进的后备亲鱼必须要有较大的数量作为保障，在繁殖时我们建议一般达到或即将达到性成熟的亲鱼每种、每批至少在200尾以上，其中雌雄比例以2:1为宜。如果是选择鱼种进行两年以上的培育，则选择数量要在1000尾以上，使遗传基因在群体内起到互补作用。

3）在后备亲鱼的培养过程中，还必须按种质标准对后备亲鱼作进一步的筛选，对不符合生产性能的亲鱼要及时淘汰，以获得稳定的具有优良性状的纯系。

4）一个生产状况较好的养殖场一定要舍得投入，必须坚持定期引进原种后备亲鱼（或鱼种），坚持杂交种不留作亲鱼，不繁育后代，以确保优良种质。

（2）性成熟年龄和体重的选择　亲鱼与商品鱼是有严格区别的，首先是作为繁殖用的亲鱼，必须达到性成熟年龄；其次是它们的体长和体重也有一定的要求。

> **【提示】**　在同一水体中，年龄和体重在正常情况下存在正相关关系，也就是说亲鱼的年龄越大，它们的绝对体重也越大；相反，年龄越小，体重也越小。另一方面，由于不同水域的地域气候、水质、饵料等因素的差异，同一种鱼在不同水域的生长速度就存在差异，从而导致它们达到性成熟的时间也不同，成熟个体的体重标准也略有差别。例如，生长在不同水域里的青鱼，它们的性成熟年龄和个体体重的差别如下：在湖泊和水库中生长的青鱼比在池塘中生长的同龄青鱼要长得快，同样都是 3～4 龄的青鱼，在湖泊中生长，体重为 5～12kg，而在池塘中生长的青鱼，体重仅 3～8kg，它们的卵巢发育都为第Ⅱ期。从中可以看出，同种同龄鱼由于生长的环境不同，生长速度明显有差异，但性腺发育的速度却基本是一致的，证明性成熟年龄并不受体重的影响，而主要受年龄的制约。掌握这些规律，对挑选适龄、个体硕大、生长良好的亲鱼至关重要（彩图3-1）。

（3）体质选择　选择的亲鱼要求有以下几点：一是要选择已达性成熟年龄的亲鱼；二是亲鱼的体重越重越好；三是要求亲鱼的体质健壮，行动活泼，无疾病、无外伤；四是雌雄亲鱼的性别特征和种质特征要明显；五是年龄上要适宜，从育种角度看，第一次性成熟的鱼不能用作产卵亲鱼，但年龄又不宜过大，生产上可取最小成熟年龄加 1～10 作为最佳繁殖年龄。

（4）雌雄鉴别　在亲鱼培育或人工催产时，必须掌握恰当的雌雄比例，因此要掌握雌雄鉴别的方法。

亲鱼雌雄鉴别的依据主要有两点：第一点是先天的，也就是从性腺发育的外观特征来判断；第二点是从伴随着性腺发育而出现的副性征来判别，所谓副性征也就是第二性征，是指达到性成熟年龄的亲鱼体表所显示的雌雄特征。副性征在雄鱼体表比较明显，而且带有季节性的变化，最显著的就是追星的出现。但有些副性征终生存在（表3-1）。

表3-1　草鱼、青鱼、鲢鱼、鳙鱼、鲮鱼雌雄特征比较

亲鱼	雄鱼特征	雌鱼特征
鲢鱼	1. 胸鳍前面几根鳍条的内侧，特别在第一鳍条上明显地生有一排骨质的细小栉齿，用手顺鳍条抚摸，有粗糙刺手的感觉；这些栉齿生长后不会消失 2. 腹部较小，性成熟时轻压腹部有乳白色精液从生殖孔流出	1. 胸鳍光滑，但个别鱼的胸鳍中下部内侧有些栉齿 2. 性成熟时，腹部大而柔软，泄殖孔常稍突出，有时微带红润
鳙鱼	1. 胸鳍在前几根鳍条上缘各生有向后倾斜的锋口，用手左右抚摸有割手的感觉 2. 腹部较小，性成熟时轻压腹部有乳白色精液从生殖孔流出	1. 胸鳍光滑，无割手的感觉 2. 性成熟时，腹部膨大柔软，泄殖孔常稍突出，有时稍带红润
草鱼	1. 胸鳍鳍条粗厚，特别是第Ⅰ～Ⅱ鳍条较长，自然张开呈尖刀形 2. 胸鳍较长，贴近鱼体时，可覆盖7个以上的大鳞片 3. 在生殖季节性腺发育良好时，胸鳍内侧及鳃盖上出现追星，用手抚摸有粗糙的感觉 4. 性成熟时轻压精巢部位有精液从生殖孔流出	1. 胸鳍鳍条较薄，其中Ⅰ～Ⅳ鳍条较长，自然张开略呈扇形 2. 胸鳍较短，贴近鱼体时，可覆盖6个大鳞片 3. 一般无追星，或在胸鳍上有少量追星 4. 性成熟时，胸鳍比雄鱼膨大而柔软，但比鲢、鳙的雌、雄鱼的胸鳍稍小
青鱼	基本同草鱼，在生殖季节性腺发育良好时除胸鳍内侧及鳃盖上出现追星外，头部也明显出现追星	胸鳍光滑无追星
鲮	在胸鳍的第Ⅰ～Ⅵ根鳍条上有圆形白色追星，以第Ⅰ根鳍条上分布最多，用手抚摸有粗糙的感觉，头部也有追星，肉眼可见	胸鳍光滑无追星

2. 亲鱼的培育

亲鱼培育是为了让亲鱼的性腺发育得更加符合繁殖的需要，只有培育出性腺发育良好的亲鱼，注射催情剂才能使其完成产卵、受精过程，才能确保鱼苗的顺利孵化。因此，发育良好的性腺是内因，注射催情剂是外因，外因必须通过良好的内因才能起作用。亲鱼培育是鱼类人工繁殖的首要关键技术，不可忽视。

(1) 亲鱼培育池的条件 亲鱼培育池的要求并不是太高，如果没有专门的亲鱼培育池，将一般的鱼池稍加修整，使其达到生产要求也可以。

1）位置。养鱼是离不开水的，因此亲鱼池主要需靠近水源，水质良好，注排水方便。如果水源不方便，则一定要有地下自备机井水供应；培育池的环境要开阔向阳，以利于阳光的吸收，促进浮游生物的培育，为亲鱼和幼鱼提供合适的天然饵料；还要求交通便利，方便亲鱼、幼鱼及饲料的运输。

> ➡ **【提示】** 为了减少培育后的产卵和孵化带来的人为伤害，要求亲鱼培育池、产卵池和孵化场所的位置应十分靠近，避免长距离的运输。

2）面积。亲鱼培育池和成鱼养殖还是有一些差别的，为了便于管理，池塘不要太大，通常以3～5亩为宜，规格不限，从接收光照及便于饲养和捕捞的角度考虑，培育池以长方形为好。如果培育池过大，则培育时的水质不易掌握，从而对培育效果造成影响。

> ⚠ **【注意】** 由于亲鱼多，往往只能分批催产，多次拉网捕鱼会影响催产效果。

3）水深。池塘的水深要适宜，不可太浅，通常以1.5～2.0m为宜（图3-1）。

4）底质。为了便于将亲鱼捕捞上来打针、产卵，要求池底平坦；为了保证培育时水位的相对稳定，要求池塘的底质具有良好的保水性能和保肥性能；鲢鱼、鳙鱼池以壤土并稍带一些淤泥为佳，草鱼、青鱼池以沙壤土为好，鲅鱼池以沙壤土稍带有淤泥较好。

（2）亲鱼培育的四季管理

1）秋季培育管理，也叫产后管理，时间为亲鱼产后～11月中下旬。亲鱼产卵后，无论是雌鱼还是雄鱼，它们的体力损耗都很大。因此，应抓紧亲鱼整理和放养工作，这有利于亲鱼的产后

图3-1 亲鱼培育池

恢复和性腺发育。通常做法是在生殖结束后，亲鱼经几天时间在清水水质中暂养，恢复体力后再放入专门的培育池中继续培育，这几天应给予充足营养，促使亲鱼的体力迅速恢复。如果能抓紧随后的秋季饲养管理，使亲鱼在越冬前体内有较多的脂肪储存，对亲鱼的性腺后阶段的发育十分有利，这对第二年的繁殖生产是大有好处的，所以在入冬前要抓紧培育，多投喂一些优质的饲料。

> ⚠ **【注意】** 有些生产单位往往忽视产后和秋季培育，平时放松饲养管理，认为已经繁殖好了，暂时还不需要过多地花精力去培育，只要在临产前1～2个月抓一下就可以了，形成"产后松，产前紧"的现象，结果亲鱼成熟率低，催产效果很不理想。

2）冬季培育和越冬管理，时间为11月中下旬～第二年2月，这个时期亲鱼基本上处于越冬状态，很少吃食，这时的管理工作应注意两点：一是加深水位，维持水温，保证亲鱼的安全越冬，千万不能出现在冰封时水位过浅而冻伤亲鱼的现象；二是只要晴天的水温在5℃以上，有的亲鱼还有轻微摄食，就要利用晴天中午的有利时机，适量投喂饵料和添加经腐熟发酵好的有机肥料，以维持亲鱼体质健壮，不使落膘。

3）春季培育，时间为2月～4月中下旬。亲鱼经越冬后，在体

内性激素的刺激和繁殖机制的共同作用下，性腺发育已经成为亲鱼此阶段最主要的任务，因此它们体内积累的脂肪大部分转化到性腺，而这时水温已日渐上升，鱼类的摄食欲望逐渐旺盛，活动能力也慢慢加强，性腺已经进入迅速发育时期。

> ➡ **【提示】** 此时期所需的食物，在数量和质量上都超过其他季节，所以这是亲鱼培育至关重要的季节，一定要保证亲鱼的饲料质量和科学投喂。

4）夏季培育，也叫产前培育，时间为4月中下旬～产前。这段时间虽然不长，但培育任务很重，培育技术性很强，主要是做好四方面的工作：一是亲鱼的性腺进入发育最关键也是最迅速的时期，一定要保证亲鱼的饲料质量和科学投喂，确保它们的能量供应；二是要加强流水刺激，尽可能地模拟自然繁殖场所的水流刺激；三是在培育时要加强巡视工作，确保在此阶段的亲鱼不能出现缺氧现象，更不能出现浮头甚至泛池现象；四是为了防止亲鱼的早产和流产，这一阶段一定要将雌雄亲鱼分开培育，以减少相互间的性刺激。还应注意的是这一阶段的亲鱼池不宜套养鱼种。

(3) 鲢、鳙亲鱼培育 鲢鱼和鳙鱼均是以滤食浮游生物为食的，在培育技术上有共性，因此将它们的亲鱼培育放在一起阐述。

1）放养密度。亲鱼的培育与成鱼的养殖还是有区别的，其中一个方面就是放养密度要适宜，这种密度控制的原则是既能充分利用水体，又能使亲鱼生长良好，性腺发育充分。

一般情况下，亲鱼的亩放养重量以150～200kg为宜，密度太小就会浪费水体，密度太大就会造成培育效果不理想，甚至会影响亲鱼的性腺发育。另外，为了抑制亲鱼池内小杂鱼和克氏原螯虾的繁殖，减少这些野杂鱼对饲料的掠夺和对水体溶解氧的竞争，要对它们进行必要的控制，除了加强培育前的清塘处理外，在培育过程中还可适当搭养少量凶猛鱼类，如鳜鱼、大口黑鲈等。

主养鲢鱼亲鱼的池塘，每亩水面可放养鲢鱼亲鱼16～20尾，亲鱼每尾体重为10～15kg，另外每亩搭配放养鳙鱼亲鱼2～4尾，亲鱼每尾体重为10～15kg，草鱼亲鱼2～4尾，每尾重10kg左右。

主养鳙鱼亲鱼的池塘，每亩可放养鳙鱼亲鱼 10～20 尾，亲鱼每尾重 10～15kg，另搭养草鱼亲鱼 2～4 尾，每尾重 10kg 左右。

主养鱼放养的雌雄比例以 1：1.5 为好。

2）春季强化培育。如果是从外地引进的鱼种，一般都是在春节前后引进，此时的培育管理要点有：首先在亲鱼放养前，应先施好基肥，培育好池塘里的水色，然后再放养；其次是放养后，应根据季节和池塘的具体情况，施放追肥。其原则是"少施、勤施，看水施肥"。一般每月施有机肥 750～1000kg。

如果是用自己培育的亲鱼，也要加强管理，管理的要点为：首先在春暖花开后，亲鱼的活动能力渐渐加强了，此时最好换去一部分池水，换水量控制在 1/4 左右，保持池水在 1m 左右，以利于提高培育池水温，促进浮游生物的快速繁育，易于肥水；其次是适当增加施肥量，每天或 2～3 天泼洒一次；再次是辅以投喂精饲料，使鲢、鳙亲鱼吃饱、吃好。

> ➡ 【提示】 总结一下，这个阶段就是采用"小水、大肥"的培育方式。

3）产前重点培育。俗话说："临阵磨枪，不快也光"，这个阶段是鲢、鳙鱼培育最重要的阶段，有的养殖场平时培育不到位，在这一阶段下好功夫，有时也能起到很好的效果。这一时期的培育管理要点首先是保证水体中充足的溶解氧，这是因为临近产卵季节，鲢、鳙亲鱼性腺发育良好，对溶氧的要求更高，一旦溶氧下降，极易发生泛池事故，从而对其性腺发育造成极大的不良后果；其次是可适当补充些精饲料，鳙鱼每年每尾投喂精饲料 20kg 左右，鲢鱼 15kg 左右；再次就是在催产前 15～20 天，应少施或不施肥，并经常冲水，这对防止泛池和促进性腺发育有很好的效果。

> ➡ 【提示】 总结一下，这个阶段就是采用"大水、不肥"的培育方式。

4）产后培育。鲢、鳙亲鱼群体一般需要经过两周左右的催情、授精、产卵、孵化，天气也逐渐转热，水温虽然也慢慢升至最高温，但是常常处于不稳定的状态，而这时亲鱼的体质又没有完全复原，它们对环境的适应能力会大大降低，尤其是对缺氧的适应能力很差，极易发生泛池死亡事故。因此，这一时期的培育管理要点首先是对亲鱼培育实行专人养护，加强管理；其次是每天注意观察天气变化和池水水色的变化情况；再次是看水施肥，做到少施、勤施、分散施；最后就是采用多加新水、勤加新水的方法来对水质进行调控。

> ◆【提示】 总结一下，这个阶段就是采用"大水、小肥"的培育方式。

5）秋、冬季培育。产后培育结束后就进入秋后培育，秋后培育的重点是要保证亲鱼吃好，既要吃饱更要营养丰富，起到长秋膘的效果。

冬季培育包括入冬前的强化培育和入冬后的防寒培育。入冬前要加强施肥，一般每周施腐熟的有机肥 500kg 左右，保持水色较深状态；入冬后，要注意及时加深池水的深度，让亲鱼进入越冬状态，在合适的时候也要少量补充施肥。如遇天气晴暖，可适当投喂精饲料，鳙鱼每年每尾投喂精饲料 20kg 左右，鲢鱼 15kg 左右。

> ◆【提示】 总结一下，这个阶段就是采用"大水、大肥"的培育方式。

（4）草鱼的亲鱼培育 在池塘养殖中，草鱼和青鱼是仅次于鲢鱼和鳙鱼的主要养殖鱼类，它们的亲鱼培育与鲢鱼和鳙鱼有一些不同。

1）放养密度。根据不同品种的亲鱼来确定不同的放养密度。主养草鱼亲鱼的池塘，每亩放养草鱼亲鱼 15～18 尾，规格为 7～10kg/尾，搭配鲢鱼或鳙鱼的后备亲鱼 8 尾及团头鲂的后备亲鱼 25 尾，合计总重量 200kg 左右。

主养青鱼的亲鱼池，每亩放养青鱼 8～10 尾，规格为 20kg/尾以上。此外，还搭配鲢鱼或鳙鱼的后备亲鱼 5 尾及团头鲂的后备亲鱼

30 尾，合计总重量 200kg 左右。

2）雌雄比例。在放养的亲鱼中，要求雌、雄比例为 1:1.5，不多于 1:1，这样才能发挥出它们最大的繁殖效果。

3）春季强化培育。这一阶段的培育是非常重要的，主要管理要点包括：首先当春季来临，换去一半池水，然后再加注新水，使池塘水位保持在 1.5m 左右，方便饵料生物的快速繁殖；其次是从 3 月开始对亲鱼的性腺发育加强管理，着重投喂麦芽、豆饼，每天每尾 50 ~ 100g；再次是尽早施用青饲料，青、精料结合施用，一般青、精料的比例以 12:1 为好。同时，日投饵料量也应满足亲鱼的需要；最后就是春季应有专人管理，加强巡塘，防止泛池事故。

4）产前培育。这一阶段的培育要点包括：首先是要大量施用青饲料，采用青、精料结合施用的方法，以避免亲鱼摄食精料过多，长得过肥，影响产卵。一般青、精料的比例以 17:1 为好。同时，日投饵料量也应满足亲鱼的需要。其次是草鱼在临近催产、亲鱼性腺发育良好时，它们的摄食量明显减少，此时即可停食。

5）产后培育。产后培育是快速恢复亲鱼体力，保证下一年生产持续进行的阶段，培育管理也不容忽视，主要技术要点包括：每天午后每尾亲鱼投喂精饲料 100g（干重）。青饲料每天上午 9：00 ~ 10：00 投放，到下午 4：00 吃净，数量以食足不过剩为原则。

6）秋、冬季培育。这一阶段亲鱼的摄食欲望慢慢下降，直到越冬。在天气晴朗的中午，只要水温适宜时，还要继续适量投喂饲料，此段时间全部用精饲料，每次每尾 25g 左右，可每隔 2 ~ 3 天投喂一次。另外要安排专人管理，加强巡塘，防止泛池事故。

（5）青鱼亲鱼的培育 青鱼的食性与鲢鱼和鳙鱼都不一样，它主要是以活螺蛳为食，因此亲鱼培育应以投喂活螺蛳和蚌肉为主，辅以少量豆饼或菜饼，一定要保证四季不断饵料的供应。每尾青鱼每年需螺、蚬 500kg，菜饼 10kg 左右。青鱼亲鱼培育池的水质管理方法同草鱼几乎是一样的，这里不再赘述。

（6）鲮鱼亲鱼的培育 鲮鱼也是典型的肥水性鱼类，以滤食池塘里的浮游生物为食，因此它的培育方法与鲢、鳙亲鱼的培育方法相似，以施肥为主，精饲料为辅，着重培养浮游生物、附生藻类等供亲鱼摄食。

1）放养密度。鲮鱼属于中小型鱼类，个体不大，成熟的亲鱼也只有1kg左右。主养鲮鱼亲鱼的培育池每亩可放养亲鱼120~130尾，可以雌雄混养；另外可搭配放养鳙鱼亲鱼和部分食用鲢鱼、草鱼，每亩放养量大约100kg。由于鲮鱼和鲢鱼两者的食性几乎完全相同，因此在鲮鱼的亲鱼培育池千万不可搭养鲢鱼，主要是因为鲢鱼的性情比鲮鱼更活泼，抢食能力更强，如果搭养鲢鱼，就会在一定程度上影响鲮鱼的生长发育。

2）施肥要点。鲮鱼的培育是以施肥为主，尤其是以施加有机肥为主，这是因为有机肥料的一部分可以作为鲮鱼的直接饵料被利用。除了在放养亲鱼之前，施足基肥外，在以后的追肥中应尽量采取少施、勤施的原则，一般每天每亩亲鱼池施放熟粪肥50kg左右，每尾亲鱼投喂豆饼或花生饼等3.5~5kg。

3）水质管理。鲮鱼亲鱼培育时的水质管理与鲢、鳙亲鱼培育是相似的。

二 催情产卵

1. 催产前的准备

家鱼人工繁殖生产的季节性很强，时间短而集中，因此在催产前务必做好各方面的准备，才能不失时机地进行催产工作。这些准备工作包括以下几点：

（1）产卵池 产卵池并不仅仅指一个池子，而是一整套的设备，包括产卵池、排灌设备、集卵收卵设备（收卵网、网箱）等。产卵池的要求有以下几点：

1）位置。为了减少受精卵运输时造成的损失，产卵池一般与孵化场所建在一起，并且靠近亲鱼培育池。

2）水源。亲鱼繁殖用水的要求要比养殖用水更严格，因此要求有良好的水源，而且进排水方便。

3）大小。产卵池的大小没有具体的量化规定，一般是根据繁殖场的规模来定，面积一般为60~100m²，可放4~10组亲鱼（约60~100kg）。

4）形状。对于产卵池的形状也没有特别的要求，为了方便捕捞亲鱼和便于受精卵的收集，一般为椭圆形或圆形。由于椭圆形产卵池内往往有洄水，收卵较慢，而圆形产卵池呈中心对称，几乎没有洄水，收卵快，效果好，因此目前大多数的养殖场均采用圆形产卵池。

5）产卵池的建设。圆形产卵池通常采用三合土结构，或单砖砌成再用水泥抹平，池子的直径以 8～10m 为宜。为了便于快速收集受精卵，通常是将产卵池底建成由四周向中心倾斜的形状，一般中心较四周低 10～15cm，池底中心设圆形或方形出卵口一个。这样当产卵池里的水慢慢排出时，最后的受精卵就会随着水流通过出卵口，全部进入集卵设备。产卵池设进水管道一个，直径 10～15cm，与池壁切线成 40°角左右，沿池壁注水，使池水流转。放亲鱼前，在池的顶端装好栏网或拦鱼栅，以防止亲鱼在追尾时跳出产卵池而发生逃鱼。

6）集卵设施的建设。集卵设施包括集卵池、收卵网和网箱等。集卵池一般采用长方形，长 2.5m、宽 2m，底面比出卵口低 0.2m。通过直径 25cm 左右的暗管将出卵口与集卵池相连在一起。集卵池出卵暗管伸出池壁 0.1～0.15m，便于集卵网的绑扎。集卵池末端的池墙设 3～5 级阶梯，每一阶梯设排水洞一个，上有水泥镶橡胶边缘压盖，以卧管式排水控制水位。

（2）催产剂的种类　　目前用于鱼类繁殖的催产剂种类比较多，常用的而且效果比较显著的主要有绒毛膜促性腺激素（HCG）、鱼类脑垂体（PG）、促黄体素释放激素类似物（LRH-A）等。

1）绒毛膜促性腺激素（HCG）。是一种白色粉状物，这是从 2～4 个月的孕妇尿中提取出来的一种糖蛋白激素，市面上销售的鱼（兽）用 HCG 是采用国际单位来进行计量的。由于 HCG 对温度的反应较敏感而且易吸潮而变质，因此要在低温干燥避光处保存，临近催产时取出备用。储量不宜过多，以当年用完为好，隔年产品会影响催产效果。HCG 直接作用于性腺，具有诱导排卵的作用，同时也具有促进性腺发育，促使雌、雄性激素产生的作用。

2）鱼类脑垂体（PG）。鱼类脑垂体内含多种激素，对鱼类催产最有效的成分是促性腺激素（GtH）。摘取鲤、鲫鱼脑垂体的时间通常选择在产卵前的冬季或春季为最好。GtH 直接作用于性腺，可以促使鱼类性腺发育，促进性腺成熟、排卵、产卵或排精，并控制性腺分泌性激素。

3）促黄体素释放激素类似物（LRH-A）。LRH-A 是一种人工合成的激素，它先作用于脑垂体，由脑垂体根据自身性腺的发育情况合成和释放适度的 GtH，然后作用于性腺。LRH-A 的使用具有操作简便的优点，而且催产效果大大提高，不易出现难产等现象，使亲鱼的死亡率也大大下降。加上购买价格也比 HCG 和 PG 便宜，因此是目前应用比较广泛的一种催产剂。

4）地欧酮（DOM）。地欧酮用于鱼类繁殖的时间不长，具有可以抑制或消除促性腺激素释放激素抑制激素对下丘脑促性腺激素释放激素的影响，从而增强脑垂体促性腺激素的分泌，促使性腺的发育成熟。

⚠️ 【注意】 生产上地欧酮不单独使用，主要与 LRH-A 混合使用，以进一步增加它的活性。

2. 催产季节

由于鱼类是冷血动物，受环境的影响尤其是水温的影响是非常明显的，包括它们的繁殖也会受到温度的影响，因此在最适宜的季节进行催产，也就是在最适宜催产的温度下进行适时催产，是家鱼人工繁殖取得成功的关键之一。

➡️ 【提示】 研究表明，四大家鱼的催产温度为 18～30℃，而以 22～28℃ 最适宜，这时亲鱼的性腺发育最完善，催产率和出苗率都处于最高阶段，受精卵的畸形率也最低。

不同的地区，适宜催产的季节也有一些区别，例如在长江中、下游地区适宜催产的季节是 5 月上中旬～6 月中旬；华南地区的温度比较高，要比长江流域约提早一个月，适宜的时间在 4 月上旬～5 月中旬；华北地区的温度则比长江流域要低，因此适宜时间是 5 月底～6 月底；东北地区的适宜时间是 7 月上旬～7 月下旬。

3. 亲鱼的科学配组

（1）亲鱼捕捞　亲鱼的捕捞需要一定的技术，因为快临近繁殖的亲鱼都是大腹便便的，在捕捞等操作时稍有不慎就会损失亲鱼，而保护亲鱼完好无伤是促使亲鱼顺利产卵受精的重要一环，这就要求我们在捕捞时必须不伤鱼体。

> ⚠️ **【注意】**　在进行草鱼繁殖时，由于性腺发育良好的草鱼亲鱼经3天以上连续的捕捞，会有性腺退化、催产效果极差的现象。所以要求对草鱼亲鱼要尽量可能减少捕捞次数，最好1池的草鱼亲鱼1次捕尽，全部催产，才能取得更好的效果。

（2）亲鱼的选择　亲鱼虽然经过人工的精心培育，但并非所有的亲鱼都能用于人工繁殖生产，在进行催产前必须经过选择。选择的标准有两条，首要条件是性腺发育良好，达到繁殖的要求；其次是亲鱼身体健康，体表无病、无伤、无寄生虫。

（3）亲鱼性腺发育的判别　生产上判断亲鱼性腺发育是否良好，对于那些经验丰富的技术人员来说，可以依据经验从外观上来鉴别。还有一种更科学的方法就是对雌鱼直接挖卵来进行观察。

1）外形观察。亲鱼在成熟时，它的身体因为繁殖的需要而有一些变化，我们可以从肉眼中看出这种变化。尤其是雌亲鱼更容易从外观上进行观察，可根据雌亲鱼腹部的轮廓、弹性和柔软程度来判断。由于雌鱼的肚子里储存了大量的卵子，因此腹部膨大、柔软略有弹性且生殖孔红润的亲鱼性腺发育良好，反之就说明发育并不是太好。

对于雄鱼，我们可用手轻挤生殖孔两侧，如果发现有精液流出，而且精液入水即散，说明雄亲鱼的性腺成熟，发育比较好；如果从生殖孔里流出的精液数量很少，而且入水后呈细线状粘连，并没有散开，说明还其性腺未完全成熟，需要继续培育；如果从生殖孔里流出的精液量少且很稀，并带黄色，说明精巢已退化萎缩。

2）挖卵观察。就是利用特制的专用挖卵器直接挖出卵粒，观察雌亲鱼的发育状况。这种方法直观，也比外形观察可靠。挖卵器一般可用不锈钢、塑料或羽毛等制作而成，长约20cm，直径0.3～0.4cm。挖卵器表面要光滑，顶端钝圆形，以免取卵时损伤卵巢。挖卵器头部开一长约2cm的槽，槽两边和前端锉成刀口状，便于挖取卵巢。

挖卵时，先将挖卵器缓缓地插入生殖孔内，然后将挖卵器轻轻地向左或向右偏少许，稍稍用力插入卵巢4cm左右，再将挖卵器旋转几下，轻轻抽出即可得到少量卵粒。挖出的卵粒可用肉眼直接观察或用透明液处理后观察。

将卵粒放在洁净的玻璃片上，观察其大小、颜色及核的位置。如果看到卵粒的大小整齐一致，而且大卵占绝大部分，卵粒的色泽鲜艳有光泽，较饱满或略扁塌，全部或大部分核偏位，就说明性腺成熟较好。如果看到卵粒的大小不整齐，相互之间集结成块状，一团一团的，而且卵不易脱落，就说明性腺发育没有成熟，需要进一步培育；如果发现卵粒过于扁塌或呈糊状，卵粒表面没有光泽，则表明亲鱼卵巢已退化（表3-2）。

表3-2　不同成熟度的卵子外观和核象位置比较

观察项目	第 IV 期初的卵	第 IV 期末的卵	退 化 卵
形状	不饱满，粘连在一起	饱满，张力大，光泽强，分散	张力小，扁塌，卵膜皱，光泽弱
卵粒组成	小卵数较多，不整齐	卵粒大小整齐，大卵占卵巢体积大部分	大卵比例大，但不规则，不整齐
大卵直径	较小，直径1mm或不足1mm	直径在1.1mm以上	直径大，在 1.1mm以上
卵核位置	全部核在正中	全部或大部分核偏位	无卵核，卵黄糊状
颜色	青灰色或白色	黄绿色或青灰色	深黄色

（4）**亲鱼的配组方法**　亲鱼的配组就是对成熟的雌雄鱼进行配组，配组与产卵方式有关。如果采用催产后由雌雄鱼自由交配的产卵方式，由于雄鱼在追逐雌鱼的过程中，需要消耗大量的体力，因此雄鱼要稍多于雌鱼，一般采用1:1.5的比例较好。如果雄鱼较少，雄雌比例也不应低于1:1；如果采用人工授精方式，则1尾雄鱼的精液可供2~3尾同样大小的雌鱼受精，这是因为雄鱼的精子在集约化使用时，精子的绝对量比较高，因此雄鱼可少于雌鱼。还应注意同

一批催产的雌雄鱼，个体重量应大致相同，以保证繁殖动作的协调。

4. 催产剂的注射

（1）催产剂的剂量和注射次数　催产剂是亲鱼繁殖中必备的一种药物试剂，长期以来的应用表明，只要准确掌握催产剂的注射种类和数量，既能促使亲鱼顺利产卵、排精，提高受精率，又能通过生理或药物的作用促使性腺发育较差的亲鱼在较短时间内发育成熟。催产剂剂量的使用并不是一成不变的，具体的剂量应根据亲鱼成熟情况、当时水温、催产剂的质量等具体情况灵活掌握。例如，要想抢占市场，对亲鱼进行提前繁殖时，催产剂剂量可适当偏高；如果想在秋后进行亲鱼的二次繁殖，需要获得秋苗时，也需要加大剂量；而在中期的正常繁殖阶段，使用剂量可适当偏低；另外在温度较低时，剂量可适当偏高；而在温度较高时，剂量可适当偏低；如果亲鱼成熟较差，则剂量可适当偏高，以加速性腺的快速发育；而当亲鱼的性腺成熟良好时，剂量可适当偏低。

> ➡ **【提示】**　催产剂有单一使用的，效果也能达到，有时从保护亲鱼的角度和提高产卵率、受精率的角度出发，采用混合使用催产剂的方法。注射的剂量和混合比例以经济而有效地达到促使亲鱼顺利产卵和排精，又不损伤亲鱼为标准。

催产剂的注射次数应根据亲鱼的种类、催产剂的种类、催产季节和亲鱼成熟程度等因素综合决定。对于培育比较好的亲鱼来说，如果一次注射可以达到成熟排卵，就不宜分两次注射，以避免亲鱼受伤。对于那些培育没有到位，造成性腺成熟较差的亲鱼，可采用两次注射，尤以注射 LRH- A 为佳，以利于促进性腺进一步发育成熟，提高催产效果。

> ➡ **【提示】**　根据生产实践，大部分鱼类的人工繁殖，都采用两针注射法，这里要注意注射的剂量问题，第一次注射量只能是总量的10%左右，第二针占总量的90%，如果第一次注射量过高，很容易引起亲鱼在短时间内快速成熟而导致早产。

研究表明，适合鱼类催产的各种催产剂的剂量和注射次数如下，供参考。

1）促黄体激素释放素类似物（LRH-A、LRH-A$_2$ 和 LRH-A$_3$）。这种催产剂是目前应用最广泛、应用效果最好的一类催产剂，对鲢鱼、鳙鱼、草鱼、青鱼、鲮鱼等都有明显的催产效果。由于 LRH-A 是作用于鱼类脑垂体的，对保护不产亲鱼有良好的作用，因此被各生产单位广泛应用。

① 鲢鱼、鳙鱼的使用量：既可以单一使用，也可以混合使用。单一使用 LRH-A 剂量为 10μg/kg（以每千克鱼体重为计算单位，下同），基本上都采用两次注射法。第一次注射 LRH-A 或 LRH-A$_3$ 1～2μg/kg，然后放回原池进行培育，经 1～3 天后再进行第二次注射，注射量为 10μg/kg。这种方法可较好地起到催熟的作用，催产率高而稳定。

但是在生产上更多的是使用二次注射，效果更好，具体方法有三种：

a. LRH-A 与 DOM 混合使用。第一次注射 LRH-A 5μg/kg + DOM 0.5mg/kg，放回原池中进行培育，大约经过 8h，再进行第二次注射，注射 HCG 800 国际单位/kg，催产效果很好。

b. LRH-A 与 HCG 混合使用。第一次注射 LRH-A 1～2μg/kg，放回原池中进行培育，大约经过 12h 后，再进行第二次注射，注射 LRH-A 8～9μg/kg + HCG 800～1000 国际单位/kg。

c. LRH-A 与脑垂体混合使用。第一次注射 LRH-A 1～2μg/kg，放回原池中进行培育，大约经过 12h 后，再进行第二次注射，注射 LRH-A 8～9μg/kg + 脑垂体 0.5～1.0mg/kg。

【提示】 雄鱼都采用一次性注射，注射时间与雌鱼第二次注射同步，注射时剂量按雌鱼同等体重应当注射的一半剂量即可。

② 草鱼：草鱼对 LRH-A 反应相当灵敏，而且效应时间相当稳定，所以在生产上通常采用一次注射 LRH-A 5～10μg/kg，效果很好，在亲鱼培育良好的情况下，一般不需要采用二次注射。雄鱼所用催产剂的剂量是雌鱼剂量的一半。

③ 青鱼：由于青鱼的个体大，它们都是以池塘里的螺蛳、蚬贝

等为饵料，这种饵料的条件较高，在池塘里进行人工培育的过程中，往往导致它们的性腺发育成熟度较差。

⚠ 【注意】 青鱼催产时，在生产上一次注射一般是达不到效果的，基本上采用二次注射，对于培育情况非常不好的亲鱼甚至会进行三次注射。

a. 二次注射。第一次注射 LRH-A_3 1~3μg/kg，放回原池中进行培育，大约经过 24~48h，再进行第二次注射，可采用注射 LRH-A 20μg/kg + DOM 5mg/kg 或 LRH-A 7~9μg/kg + 脑垂体 1~2mg/kg。雄鱼采取一次性注射，注射时间与雌鱼的第二次注射同步，一般剂量为雌鱼的一半，如果雄鱼的性腺发育欠佳，可采用同一剂量。

b. 三次注射。进行三次催产的鱼类不多，本质就是在二次催产的基础上进行一次预备催产，生产上称为打预备针，时间宜在催产前 15 天左右，每尾注射 LRH-A_3 5μg，然后放回原池中进行培育，这是第一针注射；临近催产前，进行第二针注射，注射剂量为 LRH-A 5μg/kg；放回原池中进行培育，大约经过 12~20h 后注射第三针，剂量为 LRH-A 20μg/kg + DOM 5mg/kg 或 LRH-A 10μg/kg 加脑垂体 1~2mg/kg。雄黄鱼的注射次数要根据它的性腺的培育成熟度而定，对于那些培育成熟度好的雄亲鱼，可以在雌亲鱼第三次注射时同时注射，注射剂量为雌鱼的一半。如果雄鱼成熟度比较差，挤不出精液或者精液很少很稀，这时要加强培育，可于给雌鱼打预备针的同时注射一针预备针，剂量与雌鱼相同，再在雌鱼第三次注射时再注射一次催产剂，注射剂量为雌鱼的一半。

④ 鲮鱼：鲮鱼一般比较好培育，而且个体也不大，在注射催产剂时一般只需一次注射，催产剂的用量为 LRH-A 30~50μg/kg，雄鱼减半。

2）鱼类脑垂体。鱼类脑垂体是一种广谱性的催产剂，对鲢鱼、鳙鱼、草鱼、青鱼及鲮鱼的催产效果都很显著，使用剂量为脑垂体干重 3~5mg/kg，相当于体重 0.5kg 左右的鲤鱼脑垂体 3~5 个、体重 1~2kg 的鲤鱼脑垂体 1~2 个或体重约 0.15kg 的鲫鱼脑垂体 8~10 个。鱼类脑垂体可以采用人工提取，在鲤鱼、鲫鱼丰富的地区，完全可以大量使用鱼类脑垂体作为主要的催产剂。

3）绒毛膜促性腺激素（HCG）。生产实践表明，绒毛膜促性腺激素对鲢鱼和鳙鱼的催产效果好，一般使用剂量为800～1200国际单位/kg。对于那些培育较好的亲鱼，使用量可适当降低，对于培育效果不是太好的亲鱼，可适当加大使用量；另外在繁殖早期水温较低时，可适当提高使用剂量，到了繁殖盛期剂量可以略微降低。由于这种催产剂的价格较高，一旦剂量过高既浪费药物，同时亲鱼体内也容易产生HCG抗体，会影响以后（尤其是第二年）的催产效果，对鱼有害无益，因此一定要控制好剂量。

在两广地区，由于温度要比长江流域高，因此许多亲鱼都可以进行二次产卵。为了实现生产目的，可将产过卵的亲鱼放在专用的培育池中进行专门强化培育，经过40～70天的精心培育后，只要性腺发育良好就可进行第二次繁殖。第二次催产以采用脑垂体抽提液或脑垂体与LRH- A混合剂效果较好，具体使用剂量同前文所述相同。

（2）注射液的配制　注射器及配制用具使用前要煮沸消毒。由于鱼类脑垂体、LRH- A和HCG等都是固体或粉末状的，因此在注射注射液时，必须要有溶剂将它们进行溶解，一般用0.6%的氯化钠溶液（近似于鱼的生理盐水）来进行溶解或制成悬浊液。

配制催产剂前应事先了解催产亲鱼的大致体重，每尾雌鱼使用的注射液量宜控制在2～3mL。对于那些个体小的亲鱼，注射液量还可适当减少。在配制药液时不宜过浓或过稀，如果药液配制过浓，那么注射液稍有浪费会造成剂量不足；如果药液配制过稀，大量的水分进入鱼体，对亲鱼不利。

> ➡ 【提示】　在配制HCG和LRH- A注射液时，只要将催产剂直接溶解于0.6%的氯化钠溶液中摇匀即可。从鲤鱼或鲫鱼里取出的脑垂体是小颗粒状的，因此在配制脑垂体注射液时，先将脑垂体放在干燥洁净的研钵中充分研碎，然后加入注射用水制成悬浊液备用，如果用于较大个体的亲鱼，使用的针筒较大的话，可以直接使用。如果使用针筒较小，需要进一步离心，弃去沉渣取上清液使用更好，可避免堵塞针头，并可减少异性蛋白所起的副作用。

（3）注射方法

1）注射时间。应根据当时水温、亲鱼的发育情况和催产剂的种类等计算好效应时间，掌握适当的注射时间。一定要将催产时间控制在早晨或上午，有利于雌鱼产卵、雄鱼排精、人工授精等工作进行。

2）体腔注射。四大家鱼催产剂的注射方法可以分为体腔注射和肌内注射两种，目前生产上多采用体腔注射法。注射时，先由一个人用鱼担架把鱼装好，使担架中的鱼侧卧在水中，另一个人的一只手把鱼上半部托出水面，露出胸鳍基部无鳞片的凹入部位，这时再将针头朝向头部前上方与体轴成45°~60°角刺入。针头进入鱼体腔的深度通常为1.5~2.0cm，太浅则药液有可能进入不了鱼体，太深则可能会伤及鱼的内脏。最后把注射液徐徐注入鱼体。注射完毕迅速拔除针头，再把亲鱼放入产卵池中。

3）肌内注射。肌内注射部位是在侧线与背鳍间的背部肌肉。注射时，也需要由一个人用鱼担架把鱼装好，使担架中的鱼立在水中，另一个人的一只手把鱼上半部托出水面，露出侧线与背鳍间的背部肌肉，用针头向头部方向稍挑起鳞片刺入，刺入深度以2cm左右为宜，然后把注射液徐徐注入。注射完毕迅速拔除针头，再把亲鱼放入产卵池中。

⚠ **【注意】** 在注射过程中，当针头刺入后，鱼可能感受到疼痛或其他不适感，有时亲鱼会突然挣扎扭动，这时不要强行继续注射，应迅速拔出针头，以免针头弯曲或针头断裂在鱼的肌肉里，或划开肌肤造成出血发炎，可待鱼安定后再进行注射。

5. 效应时间

所谓效应时间是指亲鱼注射催产剂后（如果不是一次性注射，则是指最后一次注射催产剂）到开始发情产卵所需要的时间，简单地说，就是催产剂起具体作用的时间。效应时间的长短与催产剂的种类、水温、注射次数、亲鱼种类、年龄、性腺成熟度及水质条件等有密切关系。

（1）催产剂的种类影响效应时间　注射脑垂体比注射HCG效应时间要短，一般约短1~2h；注射LRH-A比注射脑垂体或HCG效应时间要长一些。

（2）**水温影响效应时间** 水温与效应时间呈负相关，也就是在适宜的温度范围内，水温越高，效应时间则越短，水温越低，则效应时间越长。生产实践表明，一般情况下，水温每差1℃，用脑垂体催情，从注射到发情产卵的时间要增加或减少1~2h；用LRH-A催情，则增加或减少的时间为2~3h。这是因为鱼类是变温动物，水温的变化，尤其是突然降温（如暴雨或冷空气的突然袭击），不但会延长效应时间，甚至会导致亲鱼正常产卵活动的停止，在催情产卵的早期阶段，常会遇到这种情况（表3-3）。

表3-3 草鱼一次注射催情剂的效应时间（单位：h）

催情剂 水温	脑 垂 体	LRH-A
20~21℃	14~16	19~22
22~23℃	12~14	17~20
24~25℃	10~12	15~18
26~27℃	9~10	12~15
28~29℃	8~9	11~13

（3）**注射次数影响效应时间** 一般两次注射比一次注射效应时间短。例如鲢鱼两次注射LRH-A针距为24h，效应时间大致可稳定在8~11h（表3-4）。

表3-4 鲢鱼二次注射LRH-A（针距24h）**的效应时间**

水 温	20~21℃	22~23℃	24~25℃	26℃
第二针距产卵时间	8~11h	8~11h	8~10h	7~9.5h

（4）**亲鱼种类影响效应时间** 不同种类的亲鱼，在注射催产剂后的效应时间长短也不同，其中草鱼和鳊鱼的效应时间较短，鲢鱼略长一点，鳙鱼的效应时间更长，而青鱼的效应时间则更长于鳙鱼。例如鳊鱼两次注射LRH-A的效应时间为4~7h，青鱼两次或三次混合注射LRH-A和脑垂体，效应时间约10~15h。

（5）**年龄影响效应时间**　对于那些年龄较小且初次性成熟的个体，对 LRH- A 反应敏感，它们的效应时间比个体大、繁殖过多次的亲鱼要短。

（6）**性腺成熟度影响效应时间**　性腺发育良好的亲鱼，效应时间就短一些；亲鱼成熟差，效应时间相应较长。

> ➡ **【提示】**　总之，亲鱼发情产卵的效应时间受多种因素影响，其中主要因素是水温。因此，可根据当时的水温条件预测产卵时间，这对掌握人工授精的时间有一定的意义。

6. 产卵

亲鱼经过人工注射催产剂，到了效应时间后就需要及时产卵、排精。根据目前人工干预的程度，可以将其分为自然产卵受精和人工授精两种。

（1）**发情**　亲鱼经注射催产剂后，这些催产剂随着血液流向亲鱼的身体内部相应器官和组织。受到激素的刺激作用，亲鱼会产生一系列有利于繁殖的生理反应，从表观上看，就是在产卵池中出现雄鱼追逐雌鱼的兴奋现象，这就是发情。

（2）**自然产卵与排精**　亲鱼在发情初期，雄鱼会紧紧跟随在雌鱼的后面或急或慢地游动，并不时地用尾巴或头部挑逗雌鱼。随着效应时间的临近，亲鱼的发情会达到高峰，这时的雄鱼会更加兴奋，用头顶雌鱼腹部，使雌鱼侧卧水面。在雄鱼的刺激下，雌鱼的腹部和尾部激烈收缩运动，卵球就会一涌而出，这就是自然产卵，同时雄鱼紧贴雌鱼腹部而排精。有时也可看到雌雄鱼扭在一起，如同交合状，同时产卵排精。在一个产卵池里，往往有多组亲鱼，因为培育技术相对稳定，注射时间相对固定，所以往往是一群亲鱼几乎会在几小时内全部产卵。整个产卵过程持续时间的长短，与亲鱼的种类、亲鱼培育的体质、催产剂的种类和生态条件等有关。

由于自然繁殖受外界干扰的因素较多，因此当亲鱼在产卵池中自然产卵、受精时，必须时刻注意产卵池的管理工作。一是要有专人值班，观察亲鱼动态，一旦亲鱼有发情行为，尤其是临近效应时间时，更要注意它们的发情行为，做到及时报告和掌握；二是保持产卵池附近环境安静，以免嘈杂声响惊扰亲鱼，从而导致产卵不顺；三是加强水质监管，在催产池中每2~3h换水一次，以防催产池因水体小而造成亲鱼缺氧；四是发情前2h左右开始连续冲水；五是在发情约30min后，要不时地检查收卵箱，检查时动作要轻、慢，对正在产卵的亲鱼减少刺激，观察是否有卵出现；六是当鱼卵大量出现后，要及时捞卵，运送至孵化器中孵化。

（3）人工授精　所谓人工授精，就是通过人为的干预措施，促使精子和卵子在很短的时间内混合在一起，从而完成受精作用的方法。人工授精的核心是保证卵子和精子的质量，因此在人工授精时，要根据亲鱼的种类、水温等条件，准确掌握采卵和采精，保证卵子和精子能在最短的时间内完成受精，这是人工授精成败的关键。

家鱼人工授精的方法共有三种，即干法、半干法和湿法。

1）干法人工授精。在效应时间快到来时，要加强对亲鱼的观察，当发现亲鱼发情进入产卵时间，立即捕捞亲鱼检查。当用手轻压雌鱼腹部时，如果发现卵子能自动流出，说明亲鱼可以进行产卵了。这时一人用手轻轻压住生殖孔，将鱼提出水面，擦去鱼体水分，然后松开手，另一人配合将卵挤入擦干的脸盆中，每一脸盆约可放卵50万粒左右。再立即用同样的方法向脸盆内挤入雄鱼精液，用手或羽毛轻轻不间断地搅拌约1~2min，使精、卵充分混合，这就完成了人工授精。然后徐徐加入少量清水，再轻轻不间断地搅拌1~2min。将脸盆放在阴凉的地方静置1min左右，倒去污水，这个过程就是洗卵。然后再加少量清水，再搅拌后静置，然后再倒去污水，就这样重复用清水洗卵2~3次，就可以移入孵化器中进行孵化。

2）半干法人工授精。取卵的方法与干法人工授精是一样的，有区别的地方就是将精液挤出或用吸管吸出，用0.3%~0.5%的生理盐水稀释，然后直接倒在卵上，用手或羽毛不间断地搅拌2min左右，使精子和卵子充分混合，完成授精。洗卵过程与干法人工授精是相同的，最后将洗好的卵移入孵化器中进行孵化。

3）湿法人工授精。取一个干净的脸盆，内装1/3左右的清水，要求清水干净卫生，然后按同样的方法取卵、取精，唯一不同的就是精卵受精的环境不同，采用湿法受精是将精卵挤在盛有清水的盆中，然后用手或羽毛均匀搅拌脸盆 2min 左右，使精子和卵子充分混合，完成人工授精，洗卵过程与干法人工授精是相同的，最后将洗好的卵移入孵化器中进行孵化。

（4）鱼卵质量的鉴别　培育亲鱼时的措施是否得当直接关系到亲鱼性腺的发育，而亲鱼性腺发育的好坏又直接关系到卵子的质量，卵子的质量好坏直接关系到以后的成鱼养殖，因此我们在进行家鱼繁殖时，必须对卵子的质量把关。可以用肉眼从它的外部形态上，鉴别卵子质量的好坏。

1）从颜色上来鉴别：成熟卵子，也就是质量好的卵子是鲜明透亮的，晶莹饱满，很有质感，而不熟或过熟卵子，也就是劣质卵子的颜色是暗淡的。

2）从卵子遇水后的吸水情况来鉴别：成熟的卵细胞受精遇水后，卵膜吸水膨胀速度很快，产出后约 30min 即可膨大如球，直径能增加好几倍，为 5～6mm（鲮鱼的卵较小，为 3mm 左右），卵膜坚韧度大，不易破裂；而不熟或过熟的卵子遇水后的吸水膨胀速度慢，卵子吸水不足，卵膜柔软，膨胀度小。

3）从卵球的个体弹性状况来鉴别：成熟卵子的卵球大小一致，饱满圆润，弹性很强；而不熟或过熟卵子的卵球放在盘中不能球立，呈扁塌状，卵大小不一，其中较大的也比正常的卵小 1/5～1/4，弹性很差甚至没有弹性。

4）把产出的卵子放在盘中，从它们处于静止时胚胎所在的位置来鉴别：成熟卵子的胚体（也就是动物极）呈侧卧状态；而不熟或过熟卵子的胚体（动物极）朝上，植物极向下。

5）从胚胎的发育进程来鉴别：成熟卵子的胚盘隆起后细胞分裂正常，卵裂整齐，分裂清晰，分裂球大小均匀，发育正常；而不熟或过熟卵子的卵裂不规则，发育不正常。

6）从亲鱼培育及产卵的状态来鉴别：亲鱼经催情打针后发情时间正常，产卵集中，这种卵子总体来说质量好，受精率高；而如果亲鱼培育不好，则卵巢发育较差，到后期或秋季才有可能成熟。这类亲鱼在初夏如果注射高剂量的催情剂进行强化催情的话，有些鱼也可能产卵，但是往往产卵的时间持续较长，这种卵一般不能受精或受精很差，是劣质卵。劣质卵除了发育不成熟的卵子外，还有一种情况就是过度成熟，这种情况往往发生在催产中由于某种原因导致已经游离于卵巢腔的卵子没有及时产出。这些原因主要是雌鱼受伤无力产出或是雄鱼没有发育成熟或过度疲劳导致对雌鱼追逐无力，造成雌鱼无法达到兴奋状态。

和不成熟的卵子一样，过熟的鱼卵吸水速度也比较慢，卵膜的坚韧度也不一致。对于那些过熟程度较轻的，只要加强管理及时采卵，它的卵就能继续受精发育，鱼苗也能孵出，但是出膜时间相对缩短，而且孵化出的卵大多数为畸形，如弯尾、曲背、瞎眼、卵黄囊肿大等。这些畸形苗在出膜后多数不能正常游动，只能在水面用力颤动，而且会在鱼苗的培育中陆续夭折。而那些过熟程度较严重的卵，由于长时间的过熟现象，卵内的内含物会在产卵后的 2h 左右发生分解，卵膜中充满乳白色的浑浊液，最后只留下透明的卵膜，我们称之为空心卵。只有少部分卵虽能进行细胞分裂，但会出现细胞大小不一、细胞上再生小球等各种不正常分裂现象。

7. 产后亲鱼的护理

亲鱼产卵后的护理是生产中需要引起重视的工作。因为在催产过程中，常有追逐导致亲鱼体表如黏膜、皮肤和鳞片等受伤，如不加以护理，将会造成亲鱼的死亡。

（1）亲鱼受伤的原因　①捕捞亲鱼的网的网目过大、网线太粗糙，使亲鱼鳍条撕裂，擦伤鱼体；②捕鱼操作时不细心、不协调造成亲鱼跳跃撞伤、擦伤；③水温高，亲鱼放在鱼夹内，运输路途太长，造成缺氧损伤，产卵池中亲鱼跳跃撞伤；④在产卵池中捕亲鱼时不注意使网离开池壁，鱼体撞在池壁上受伤；⑤刚产完卵的亲鱼体质也较虚弱，容易感染皮肤充血症、肤霉病与白点病等而死亡等。

（2）产卵后亲鱼的护理方法　①及时将过度疲劳的雌、雄亲鱼分别放入水质清新的池塘里，让其充分休息；②加强喂养管理，要仔细、小心，并要观察其活动和食欲情况。开始时少喂，并投喂些适口性好的饵料，待其体质恢复正常后，再按标准投喂和实行正常管理。使它们迅速恢复体质和体力，增强对病菌的抵抗力；③每日要加强观察，至少观察 3 次，注意亲鱼的活动情况、体表色泽、食欲、排泄物等。如发现亲鱼呆滞、沉浮失常、皮肤充血、体表有白色的黏液等反常状况，应对感染处进行显微镜检查，分析病因，对症诊治。④为了防止亲鱼伤口感染，可对产后亲鱼加强防病措施，将消炎药物涂在伤口上、注射抗菌药物。亲鱼皮肤轻度外伤时，可选用高锰酸钾溶液、磺胺药膏、青霉素药膏和呋喃西林药膏等涂擦伤口，以防伤口溃烂和长水霉；亲鱼受伤严重者，除涂消炎药物外，可注射10%磺胺唑钠，5~8kg体重的亲鱼注射1mL（内含0.2g药）或每千克体重的鱼注射青霉素（兽用）10000国际单位。⑤进行人工授精的亲鱼，一般受伤较为严重，务必伤口涂药和注射抗菌药物并用，可减少产后亲鱼的死亡。

三 孵化

孵化是进行四大家鱼繁殖的最后一道程序，是指受精卵经胚胎发育至孵出鱼苗为止的全过程。

1. 影响孵化的环境因素

影响鱼卵孵化的环境因素主要有温度、溶氧量、水质、敌害生物、鱼卵质量、精子质量等。

（1）温度 不同的四大家鱼，它们适宜的孵化温度因种而异。在适温范围内，温度越高，受精卵的发育越快，当然孵化速度也越快；过高或过低的水温，都对胚胎发育有不利的影响，轻则延缓孵化或提早孵出，重则出现畸形、死亡，造成损失。

（2）溶氧量 受精卵的发育和孵化全过程都需要充足的氧气，不同种类的鱼，孵化过程中对氧气的需要量是有一定差别的；即使是同一种鱼，在不同的胚胎发育阶段，需要的氧气量也不同。随着胚胎的发育，它们的需氧量也在逐渐增大。因此在孵化时，要求水中含有较高的溶氧量，通常都要求每升水中氧气含量在4mg以上。在孵化时，可采取适当加快水的流速和降低鱼卵孵化的密度等技术措施来达到目的。

（3）水质 受精卵在孵化时严禁使用污水，必须使用清新的水、含氧量高的水，例如江、河、湖及水库的水作为孵化用水比较适宜，所以一般的养殖场尤其是苗种场都是建立在湖泊或水库的下游。池塘水，特别是养殖成鱼的肥水塘里的水，氧气明显达不到要求，不宜引用。

（4）敌害生物 鱼卵孵化过程中的生物敌害很多，危害也很大。我们在孵化时，所引进的水源必须在进水口前安装滤网，将一些敌害生物及时过滤掉。常见的敌害生物包括有害生物、寄生虫等，如水霉、剑水蚤、小虾、水蜈蚣、小杂鱼、车轮虫、斜管虫等。尤其水霉菌是鱼卵孵化中最主要的敌害生物之一，它总是先从碎卵、死卵开始寄生，然后蔓延到健康鱼卵，严重的会导致鱼卵上布满白色的棉絮状丝状物，造成鱼卵缺氧死亡。在不良水质或偏低水温下，水霉菌繁殖快，危害程度加剧，甚至会造成鱼卵全部死亡，即使有的鱼卵能孵化出鱼苗，也会被感染而造成死亡。车轮虫、斜管虫等寄生虫会用它们的钩状物附着在鱼苗的鳃部和体表，在水温高时易发生，严重的可致鱼苗死亡。而剑水蚤、小虾、水蜈蚣、小杂鱼等较大个体的敌害生物，会直接残害或吞食鱼苗、鱼卵。

（5）鱼卵质量 质量好的卵，能顺利孵化出健康的鱼苗；不成熟的卵，易破裂，不容易受精，即使能受精，大多数在培育中途会陆续死亡；过熟的卵，孵化过程中个体畸形多，死亡也多；严重过熟的卵，会很快死亡而无法继续孵化；过熟已久的退化卵，卵粒变成深黄色糊状物，即将崩解腐化。

（6）精子质量 我们进行孵化的是受精卵，受精是必须有精子参与的过程，而精子质量会直接影响鱼卵的受精率。如果雄鱼不够成熟，常常造成不能顺产或受精率低，甚至不受精，而影响孵化率。

2. 不同孵化器的孵化方式

目前生产上常用的孵化工具有孵化桶、孵化环道和孵化槽等。

（1）孵化桶孵化 孵化桶通常是用白铁皮、塑料、帆布或钢筋水泥制成，宜因地制宜，不可拘泥。每个孵化桶的大小可根据需要而定，一般以容水量250kg左右为宜。孵化桶的底部有鸭嘴形的进水口，呈一定角度排列，确保整个孵化桶里的水能形成水流，满足鱼卵对水流和氧气的需求；在桶的口沿部位设有20目的纱窗或筛绢，防止鱼卵和鱼苗在水满时溢出，纱窗可用铜丝布或筛绢制成，规格为50目/cm²。鱼卵放入孵化桶前应清除混在其中的小鱼、小虾和脏物，放卵密度约为每桶放卵20万~40万粒左右。水温高时，受精率低的鱼卵密度宜适当减少（图 3-2）。

图 3-2　孵化桶

> 🔴 **【提示】**　在孵化过程中，尤其是快到脱膜时要加强观察，多清洗附着在纱窗或筛绢上的污物和卵膜，确保水流畅通和氧气充足。

（2）**孵化缸孵化**　孵化缸因具有结构简单、造价低、管理方便、孵化率较稳定等优点，被普遍选用。孵化缸由进出水管、缸体、滤水网罩等组成。缸体可用普通盛水容量为 250～500kg 的水缸改制，或用白铁皮、钢筋水泥、塑料等材料制成。水缸改造较经济，使用广泛。按缸内水流的状态，分抛缸（喷水式）和转缸（环流式）两种。抛缸只要把原水缸的底部，用混凝土浇制成漏斗形，并在缸底中心接上短的进水管，紧贴缸口边缘，上装 16～20 目/cm 的尼龙筛绢制成的滤水网罩即可。用时水从进水管入缸，缸中水即呈喷泉状上翻，水经滤水网罩流出。鱼卵能在水流中充分翻滚，均匀分布。如能在网罩外围，做一个溢水槽，槽的一端连接出水管，就能集中排走缸口溢水。放卵密度，抛缸一般比转缸高 20%，每立方米水体可放卵 200 万～250 万粒。日常管理和出苗操作皆很方便。转缸则在缸底装 4～6 根与缸壁成一定角度、各管成同一方向的进水管，管口装有用白铁皮制成的、形似鸭嘴的喷嘴，使水在缸内环流回转。由于水是旋转的，排水管安装在缸底中心，并伸入水层中，顶部同样装有滤水网罩，滤出的水随管排出，放卵密度为每立方米 100 万～

150 万粒（图 3-3）。

图 3-3　孵化缸

（3）孵化环道孵化　孵化环道是目前生产上运用最广泛、效果最好的一种孵化设施，是适用于较大规模的生产单位选用的孵化设备，由进排水系、环道、集苗池、滤水网闸等组成。孵化环道一般是用水泥或砖砌的环形水池，大小依生产规模而定。孵化环道的容水量，视生产规模而定，可根据每立方米水体放卵 100 万～120 万粒的密度，以及预计每批孵化的卵数，计算出所需要的水容量，再以环道的高和宽各为 1m，反算出环道的直径。环道有 1～3 道，以单道、双道最为常见。形状有椭圆形和圆形，以圆形为好。单环环道，内圈是排水道，外圈是放卵的环道。双环环道，有两圈可放鱼卵的环道，外环道比内环道高 30～35cm，以便外环道向内环道供水，但内环道仍装有进水管道与闸阀，又可以直接进水，在内环道的内圈是排水道。三环环道，是再增加一道环道，其他与双环类似。由于向内侧排水，故各环环道的内墙都装有可留卵排水的木框纱窗，数量随直径变化（通常按周长的 1/8 或 1/16 装窗一扇）。也有的环道采取向外溢水，则纱窗安装在外墙，所溢出的水从外墙的排水道流走。总的进出水管，都在池底，以闸阀控制。每一环道的底部，有 4～6 个进水管的出口，出水口都装有形似鸭脚的喷嘴，各喷嘴需安装在同一水平面，同一方向，保证水流正常不断流动。鱼卵在环道中，顺流不停地翻滚浮动（图 3-4、图 3-5、彩图 3-2 和彩图 3-3）。

图 3-4 孵化环道　　　　图 3-5 已经放好卵的环道

> ➡ 【提示】 在用环道孵化时，常常发现鱼苗有贴膜现象，只要鱼苗贴在纱窗上，基本上就会死亡，因此解决措施就是将孵化环道的过滤纱窗加大，增加有效过滤面积，对防止贴卵有良好效果。

（4）孵化槽孵化 用砖和水泥砌成的一种长方形水槽，大小根据生产需要。较大的长 300cm，宽 150cm，高 130cm。每立方米可放70 万～80 万粒鱼卵。槽底装 3～4 只鸭嘴喷头进水，在槽内形成上下环流（图 3-6）。

图 3-6 孵化槽

一般在鱼卵脱膜孵出 4～5 天后，鱼苗的卵黄囊基本消耗尽、能开口主动摄食而且可见腰点（即鳔已经具备充气功能，能上下浮沉）

和游动自如时，即可下塘。鱼苗下塘时应注意池塘水温与孵化水温不要相差太大，一般不宜超过±2℃。这时鱼苗幼嫩，在进行捞苗和运输等操作过程中要细致、谨慎，不可损伤鱼苗。

第三节　异育银鲫和团头鲂的人工繁殖

一　异育银鲫的人工繁殖

异育银鲫是鲫鱼异精雌核发育的后代，也是人工培育的新品种之一，采用方正银鲫为母本（在自然界里绝大多数是雌鱼，雄鱼很少），兴国红鲤为父本，人工杂交而成。在繁殖过程中，雌雄亲鱼的精卵并未结合，主要原因是雄鱼的精子只是起诱使雌鱼产卵的作用。

1. 培育池的准备

设置专用的亲鱼培育池，面积以 1~2 亩为宜，太小了不利于亲鱼的活动，太大了不利于卵子的附着和收集，对亲鱼的管理也不方便，水深 1m 左右，池底的淤泥不要太多，注排水需方便，环境要安静。

2. 亲鱼的选择

选用壮年鱼繁育后代，雌亲鱼用异育银鲫，需采用第二次性成熟的个体，体重为 0.4~0.75kg。雄亲鱼用兴国红鲤，体重为 1~3kg。要求所选择的雌雄亲鱼身体健壮、无病无伤。银鲫性成熟的标志是腹部膨大而柔软，卵巢轮廓明显，生殖孔微红微突，轻压腹部能挤出少量卵粒。兴国红鲤雄鱼选择轻压腹部有乳白色精液流出者为宜。

3. 亲鱼的培育

亲鱼的培育要坚持常年培育和秋季强化培育相结合，培育重点是抓好四个方面的工作。①做好系统选育，及时淘汰自然突变产生的不良个体，定期与外单位交换原种、良种亲鱼，防止近亲繁殖。补充的后备亲鱼必须有较大的数量，一般每批至少在 300 尾以上，使遗传基因在群体内起互补作用，防止产生基因瓶颈。②加强投喂工作，为亲鱼体内积累足够多的能量供性腺发育所需，建议投喂粗蛋白含量高的配合饵料、豆饼、蚕蛹、螺蚬等饲料，每天投饵量约为亲鱼体重的 7%。③做好池塘的肥水工作，可以适当施放牛粪或人粪尿，肥沃水质。④在饲养过程中注意水质的调节，应加强微流水的刺激，以利于性腺发育成熟。

4. 产卵

异育银鲫在池塘中可以自然产卵，其产卵方式同鲤鱼相似。但是在生产上要想让绝大部分银鲫性腺同步成熟、同步产卵，就需要采用人工催产的方式进行。

在合适的催产季节和时间内进行人工催产，催产季节一般为 4～5 月，催产时间最好选择在晴天。人工授精时间最好控制在清晨，可按效应时间推算，确定最后一次注射的时间。

催产药物一般选用 LRH-A 和 HCG 混合注射，对于性腺发育较好的亲鱼，采用一次注射法，催产剂量为每 0.5kg 异育银鲫，注射 20～25μg LRH-A + 1000～1500 国际单位 HCG。雄鱼不注射 LRH-A，只注射 HCG，剂量为每 0.5kg 的兴国红鲤注射 500～750 国际单位 HCG。对性腺发育成熟度一般的亲鱼，雌鱼宜用二次注射。第一次只注射 LRH-A，剂量为全剂量的 1/10（每 0.5kg 亲鱼为 2～2.5μg LRH-A），24h 后再进行第二次注射，将余下的催产药物（包括剩下的 LRH-A 和未注射的 HCG）全部注入鱼体。雄鱼不注射第一针，只注射第二针，药物只注射 HCG，剂量为每 0.5kg 的兴国红鲤注射 500～750 国际单位 HCG。由于银鲫个体小，注射角度和进针深度均要小一些。已注射的雌雄鱼可分开暂养，在网箱中待产。

> ⚠️ **【注意】** 在水温 18～22℃ 时，一次注射的效应时间为 16～20h，二次注射的效应时间为 10～12h。

5. 人工授精

为了提高异育银鲫的繁殖效率，生产上都是采用干法授精的方法。等催产药物的效应时间到了的时候，捕起成熟银鲫，一手抓住鱼的头部，一手扣住生殖孔，以防止成熟卵流出。用干毛巾擦干鱼体，轻挤腹部，鱼卵顺流而下，将成熟卵挤入干燥的瓷碗内。待碗内挤满大半碗成熟卵后（通常需数尾雌鱼），立即挤入兴国红鲤雄鱼的精液，可直接滴在鱼卵上，精液数量随鱼卵多少而定，一般

5万～10万粒卵滴5～10滴精液即可，精子主要起激活作用，并不是为了受精，这时用干羽毛轻轻将精卵搅拌均匀，然后把精卵慢慢倒入滑石粉悬浮液中，搅动滑石粉悬浮液完成授清和脱黏。挤卵、挤精、脱黏操作必须在阴凉的环境中进行，严禁阳光直射，以防紫外线杀伤精、卵细胞。搅动5～10min后，用密网或筛绢滤出受精卵（滤出的滑石粉悬浮液仍可用于脱黏），在水中漂洗1～2次，最后放入孵化桶中孵化。

> ➡ 【提示】 在挤卵的时候要注意观察，如果发现雌鱼仅挤出少量卵粒或者根本挤不出卵粒，这时就不必硬挤了，这说明卵还没有完全成熟，可把银鲫放入网箱内暂养1～3h后，再进行第二次挤卵。如果发现挤出的卵内含有大量灰白色卵粒，表明该卵已过熟，应弃之不用。

6. 孵化

脱黏后的异育银鲫卵为沉性卵，一般均采用孵化桶孵化，放卵密度为每桶放卵50万粒左右。在孵化过程中，尤其是快到脱膜时要加强观察，多清洗附着在纱窗或筛绢上的污物和卵膜，确保水流畅通和氧气充足（图3-7）。

图3-7 带卵黄囊的鱼苗

二 团头鲂的人工繁殖

1. 亲鱼的选育

（1）成熟年龄 在自然水域中，团头鲂的性成熟年龄为2～3龄，一般体重在0.3kg以上。

（2）雌雄鉴别 团头鲂的雌雄鉴别相对于鲤鱼来说要容易得多，尤其是在生殖季节更容易鉴别。一是从胸鳍上来鉴别，在生殖季节团头鲂雌鱼的胸鳍光滑而无追星，第一根鳍条细而直。而雄鱼胸鳍上有大量追星，而且胸鳍第一根鳍条肥厚而略有弯曲，呈"S"形。

这个特征终生不会消失，可用来在非生殖季节区别雌雄。二是从腹部来鉴别，在生殖季节，雌鱼的腹部明显膨大。而雄鱼的腹部膨大则不明显，成熟的个体，轻压腹部有乳白色精液流出。三是从追星上鉴别，在生殖季节里，成熟的雌鱼除在尾柄部分也出现追星外，其余部分很少见到。而雄鱼头部、胸鳍、尾柄上和体背部均有大量的追星出现。

（3）亲鱼的选择　一是年龄和体重的选择。尽管团头鲂初次性成熟时的年龄在 2～3 龄、体重在 0.3kg 以上，但是初次性成熟的亲鱼卵粒小、怀卵量少、质量差，如果大量选择刚刚性成熟的亲鱼来进行繁殖，可能会造成孵化率低，甚至后代的畸形率高。因此，生产上建议选择年龄在 3～4 龄、体重 1kg 以上者作为亲鱼。团头鲂每千克体重平均产卵数为 8 万～10 万粒。二是体形上的选择，用作繁殖的团头鲂亲鱼，应选择背高、尾柄短、体型近似菱形的鱼。三是亲鱼质量的选择，要求亲鱼体质健壮、无病无伤无寄生虫感染，体色鲜亮光滑，活动有力。

（4）亲鱼的放养　团头鲂亲鱼饲养方法比较简单，一般在鲢鱼、鳙鱼、草鱼、青鱼的亲鱼池少量混养。如果是大量繁殖鱼苗的话，可以单独饲养，每亩放养 100～200 尾，总重量约 250kg。

（5）亲鱼的培育　首先要做好投喂管理工作，团头鲂是草食性鱼类，喜食苦草、轮叶黑藻、马来眼子菜、紫背浮萍等水生植物，对人工投喂的颗粒饲料、饼类等，同样喜欢摄食。一般每年每尾鱼除青饲料外，需投喂 1.0～1.5kg 精饲料。其次是做好亲鱼的分养工作，同鲤鱼一样，为了防止亲鱼在条件适宜时会突然在池塘周围有杂草处自然产卵，必须将雌雄亲鱼进行分养，以减少它们的性刺激。可在产卵前 20～30 天将雌鱼捕出，放入另一鱼池暂养，待天气稳定后，再选择恰当时机催产。

2. 催情产卵

（1）催情时间　团头鲂的生殖季节稍迟于鲤鱼，比鲢鱼、鳙鱼、草鱼、青鱼等早 10 天左右。一般亲鱼在 4 月上中旬水温开始回升时，尤其是当水温上升到 18～20℃ 以上时，或遇大雨后，有流水进入池塘，增高池塘水位，亲鱼就会在池塘里自然产卵。为了避免团头鲂亲鱼群体产卵不集中的现象，在生产上我们根据亲鱼性腺发育状况，抓住适宜的生产季节，采用人工催情的方法，进行繁殖，让其集中产卵，以获得大量鱼苗。因此催情时间宜选择在四月上中旬天气晴好的日子。

（2）催产剂的注射 发育良好的亲鱼，一般进行一次性注射，所用剂量为：1kg 左右的亲鱼每尾注射鲤脑垂体 6～8 个（约等于干重 6～8mg）；HCG 1600～2400 国际单位；LRH-A 25～50μg。雄鱼用量减半注射。注射时间可在前一天傍晚，保证它们能在第二天的黎明前后产卵。

对于性腺发育较差的亲鱼，或在催产早期，可以采用二次注射的方式。第一次注射可在傍晚进行，剂量为每尾雌鱼 LRH-A 2～3μg，注射后立即放入催产池，这时可用小型水泵不间断地注入少量微流水，目的是确保产卵池里有充足的溶解氧，防止亲鱼缺氧浮头。针距15h 左右，再进行第二次注射，剂量为每千克亲鱼 HCG 1600～2400 国际单位＋LRH-A 23～47μg；雄鱼不注射第一针，仅仅在雌鱼注射第二针时注射 HCG，剂量为每千克雄亲鱼 800～1200 国际单位。

（3）效应时间 注射催产剂后的效应时间与水温有密切关系，水温 24～25℃时，效应时间为 8h 左右；水温 27℃时，效应时间为 6h 左右。

（4）鱼巢的准备 在产卵池内布置好鱼巢，由于团头鲂产出的卵为弱黏性卵，因此卵的黏性较差，附着不好时容易散落在池底。为了能充分收集鱼卵，通常是在池底铺设一层芦席或沉水鱼巢来收集鱼卵（图3-8）。

图3-8 准备好的鱼巢

（5）**产卵** 亲鱼经注射催产剂后，放入产卵池，同时用微流水刺激，让它们自行产卵。产卵池的管理方法与银鲫的繁殖管理方法是相同的。产卵结束后，捕出亲鱼后，将鱼卵洗刷下来，放入孵化桶内孵化（图3-9）。

图3-9 孵化桶孵化鱼卵

（6）**人工授精** 有时为了提高繁殖效率，在条件合适时也可以考虑采用人工授精的方式。如果采用人工授精方法，一定要使受精卵脱黏（脱黏的方法与鲤鱼卵脱黏法相同），然后进行流水孵化，这样能提高孵化率。

3. **孵化**

团头鲂卵的池塘孵化方法很简单，一般生产上多直接采用鱼苗培育池，以减少鱼苗转塘的麻烦。

池塘孵化时将从产卵池里取出的鱼巢悬挂在池塘水中即可。为了提高孵化率，可采用在孵化池搭设孵化架的方式，然后用绳子在水面下15cm左右相互连接形成网状，再把鱼巢解开，一片一片地散开平铺在绳网上，进行孵化。这种方法鱼巢不致重叠，氧气丰富，水霉菌也不易感染，所以孵化率较高。每亩放附卵30万～40万粒的鱼巢。孵化池塘内最好能保持微流水，水交换量0.5～0.8m³/小时（彩图3-4）。

不同的水温条件下，孵化时间也略有差异，控制水温在20～23℃时，经44h孵出；水温为25～27℃时，经38h孵出。由于孵化时间较长，巢及卵上经常会沉附污泥，应经常轻晃清洗，孵化期间要保持水质清洁，透明度较大，含氧量高，肥水和混浊的水对孵化不利。孵化期间每天早晨要巡塘，发现池中有蛙卵时，应随时捞出。

⚠️ 【注意】 苗刚孵出时，不要立即将鱼巢取出。这是因为刚刚从受精卵里孵化出来的小鱼苗依然把鱼巢作为它们自己的家，它们没有游泳能力，而是全部附在鱼巢上，用自身卵黄囊的卵黄作为营养。出膜后4天左右，鱼苗的卵黄囊基本消失，鱼苗也具有了游泳能力且能主动摄食，这时才能将鱼巢取出。取鱼巢时要轻拿轻放，并用手轻轻地在水中抖动鱼巢，让躲藏在鱼巢中的小鱼苗全部游走。由于这种方法孵化率较低，目前生产上较少采用。

第三章 池塘养鱼的人工繁殖

第四章

池塘鱼苗、鱼种的培育

第一节　鱼苗、鱼种及其质量鉴别

一　鱼苗、鱼种的名称

1. 鱼苗

从鱼卵中刚孵出来的小鱼，体长 7~8mm，称为鱼苗或水花（彩图 4-1）。

2. 乌仔

鱼苗经 10~15 天饲养，养成 1.5~2.0cm 的稚鱼，称为乌仔（彩图 4-2）。

3. 夏花

乌仔再经过 10~15 天饲养，养成 3~5cm 的夏花；也有的地方直接将鱼苗经过 20~25 天的培育，长成 3cm 左右，由于此时正值夏季，故通称为夏花，又称为火片、寸片。

4. 冬片

夏花再经 3~5 个月的饲养，养成 8~20cm 长的鱼种，此时正值冬季或第二年春天，故通称为冬片，又称为冬花、春片、春花、仔口、新口，在生产上也称为 1 龄鱼种。

5. 秋片

北方将夏花经 1~2 个月的饲养，养成 5~8cm 长的鱼种，此时正值夏季，故称为秋片，又称为秋花。

6. 2 龄鱼种

1 龄鱼种再培育一年称为 2 龄鱼种，亦称老口鱼种，又称为过池鱼种。对青鱼、草鱼的仔口鱼种通常是先养成 2 龄鱼种，然后到第三年再养成成鱼（食用鱼）上市。

> ➡ 【提示】 鱼苗、鱼种的培育，就是从孵化后 3~4 天的鱼苗，养成供食用鱼池塘、湖泊、水库、河沟等水体放养的鱼种。

二 鱼苗的质量鉴别

不同个体的鱼苗，由于受到受精卵的质量和孵化过程中众多环境条件的影响，导致在孵化后的体质有强有弱，体质强健的鱼苗对环境的适应能力强，在以后的培育过程中生长速度快，成活率也高，劣质鱼苗在以后的培育过程中生长速度明显缓慢，成活率也低得多。因此我们在后面的苗种培育时一定要学会鉴别鱼苗的优劣，生产上可根据鱼苗的体色、游泳情况及挣扎能力来区别其优劣（表4-1）。

表4-1　家鱼鱼苗质量优劣鉴别表

鉴别方法	优 质 苗	劣 质 苗
看体色表观	群体色泽相同，略带黄色或稍带红，没有明显的白色死苗现象，身体清洁，不拖带污泥	群体色泽不一，体色有的发黑带灰，俗称"花色苗"，有白色死苗现象，鱼体拖带污泥
看游泳情况	在鱼桶或孵化缸等容器内，将水搅动后产生旋涡，鱼苗能在旋涡边缘逆水游动	鱼苗不能在旋涡边缘逆水游动，而是大部分被卷入旋涡
抽样检查	在白瓷盘中吹动水面，鱼苗能顶风逆水游动	在白瓷盆中吹动水面，鱼苗不顶风逆水游动，而是顺水游动
	倒掉盘中水，鱼苗在盘底强烈挣扎，头尾弯曲成圆圈状	倒掉水后，鱼苗在盆底无力挣扎，头尾仅能扭动
看出塘规格	同塘同种鱼，出塘规格整齐	个体大小不一

第四章　池塘鱼苗、鱼种的培育

> ➡️ **【提示】** 在鱼类人工繁殖过程中,容易产生4种劣质鱼苗:分别是杂色苗、"胡子"苗、"困花"苗和畸形苗。杂色苗就是指鱼苗的体色斑杂不一致;"胡子"苗就是鱼苗看起来像胡子一样,身体不清洁,拖带污泥;"困花"苗就是游泳能力弱,贴在池边不肯游动的鱼苗;畸形苗就是身体弯曲、眼大头小等有畸形的鱼苗,这四种鱼苗基本上都是不可能成活的,因此我们在购买鱼苗时,必须了解每批鱼苗的产卵日期、孵化时间,并按上表的质量鉴别标准严格挑选,严禁购买上述4种劣质鱼苗,为提高鱼苗培育成活率创造良好条件。

三 夏花的质量鉴别

常见养殖鱼类夏花的质量可根据出塘规格、体色、鱼类活动情况及体质强弱等来进行鉴别(表4-2)。

表4-2 夏花鱼种质量优劣鉴别

鉴别方法	优 质 夏 花	劣 质 夏 花
看出塘规格	同种鱼出塘规格整齐,大小一致	同种鱼出塘个体大小不一,有时相差很大
看体色	体色鲜艳,有光泽,没有污点	体色暗淡无光,有的变黑,有的变白
看活动情况	行动活泼有力,喜爱集群游动,一旦受惊后能迅速潜入到水底,很少在水面停留,在投喂时抢食能力强	行动迟缓,不爱集群,常见个体在水面漫游,一旦受惊后不能迅速潜入到水底,而是慢慢地下潜到水里,过一会儿又会在原来的水面出现,在投喂时抢食能力弱
抽样检查	把夏花鱼种放在白瓷盆中,会剧烈狂跳。从外观看,鱼种身体肥壮,头小,背厚,线条优美。鳞片和各鳍条完整,无异常现象,皮肤也没有寄生虫寄生和鳞片脱落现象	把夏花鱼种放在白瓷盆中,鱼很少跳动。从外观看,鱼种身体瘦弱、背薄,象刀背,俗语称"瘪子"。鳞片有脱落或鳍条有残缺现象,皮肤有充血现象或异物附着

第二节　鱼苗的食性和生长

一　卵黄囊阶段

刚孵出的鱼苗是没有摄食能力的，那它们是用什么营养来满足生长发育所需的能量呢？这就是卵黄囊的功劳了，刚刚从受精卵里孵化的鱼苗都是以卵黄囊中的卵黄为营养的。刚孵出的两三天内，鱼苗完全以卵黄囊内的营养为食物；当鱼苗体内的鳔充气后，鱼苗一面继续吸收剩余的卵黄，一面开始摄取外界食物；几天后卵黄囊完全消失，鱼苗就完全依靠摄取外界食物为营养。

二　开口阶段

卵黄囊刚消失时，虽然鱼苗已经具备了从外界摄食的能力，但是由于此时鱼苗活动能力非常弱，个体非常细小，全长仅 6～9mm，加上此时的口径小，鳃耙、吻部等取食器官还没有发育完全，较大的食物很难进入到肠道里。因此所有种类的鱼苗只能依靠吞食方式来获取食物。

⚠ 【注意】　在这个阶段也是鱼苗刚刚自主摄食的时期，我们称之为开口阶段，而此时鱼苗所摄取的饵料，在生产上通常称为"开口饵料"。鱼苗开口饵料的食谱范围非常狭窄，主要是轮虫和桡足类的无节幼体等一些小型浮游动物。

三　食性转化

随着鱼苗的进一步生长，它们的个体增大，口径也在慢慢增宽，游泳能力逐步增强，取食器官逐步发育完善，食性也开始逐步转化，结果鱼苗的食谱范围逐步扩大，导致各种鱼苗食性的多样性，为后来人工培育鱼种人工投喂合适的饲料打下基础。

家鱼苗发育至夏花阶段的食性转化是有一定规律的，主要体现在家鱼苗的摄食方式和食物组成（包括适口食物的种类和大小）呈规律性变化。鲢、鳙鱼由吞食慢慢过渡到滤食，而且鲢鱼以滤食浮游植物为主，鳙鱼则以滤食浮游动物为主；草鱼、青鱼、鲤鱼则始终都是吞食方式，而且随着个体的生长，它们的食谱范围逐步扩大，食物个体也不断增大（表4-3）。

表4-3 鲢鱼、鳙鱼、草鱼、青鱼、鲤鱼苗发育至夏花阶段的食性转化

鱼苗全长 /mm	鲢鱼	鳙鱼	草鱼	青鱼	鲤鱼
6	—	—	—	—	轮虫
7~9	吞食轮虫、无节幼虫等小型浮游动物	吞食轮虫、无节幼虫等小型浮游动物	吞食轮虫、无节幼虫等小型浮游动物	吞食轮虫、无节幼虫等小型浮游动物	吞食轮虫、无节幼虫、小型枝角类等小型浮游动物
10~10.7	轮虫、无节幼虫等小型浮游动物	轮虫、无节幼虫等小型浮游动物	小型枝角类	小型枝角类	小型枝角类、个别轮虫
11~11.5	轮虫、小型枝角类、桡足类	轮虫、小型枝角类	小型枝角类	小型枝角类	枝角类、少数摇蚊幼虫
12.3~12.5	轮虫、枝角类、腐屑、少数浮游植物	轮虫、枝角类、桡足类、少数大型浮游植物	枝角类	枝角类	吞食浮游动物、摇蚊幼虫、水蚯蚓等
14~15	从吞食转为滤食。食物中浮游植物比重增大	轮虫、枝角类、少数大型浮游植物	浮游动物、摇蚊幼虫及枝角类	浮游动物、摇蚊幼虫、枝角类	枝角类、摇蚊幼虫等底栖动物
15~17	浮游植物、轮虫、枝角类、腐屑	轮虫、枝角类、腐屑、大型浮游植物	大型枝角类、底栖动物	大型枝角类、底栖动物	枝角类、摇蚊幼虫等底栖动物
18~23	浮游植物、腐屑	浮游植物、腐屑	大型枝角类、底栖动物、嫩草，并杂有碎片	大型枝角类、底栖动物，并杂有碎片	枝角类、底栖动物

鱼苗全长/mm	鲢鱼	鳙鱼	草鱼	青鱼	鲤鱼
24	浮游植物显著增加	浮游植物数量增加，但不及鲢鱼，食物中浮游动物比重大	大型枝角类、底栖动物，并杂有碎片、芜萍、嫩草	大型枝角类、底栖动物，并杂有碎片、芜萍	枝角类、底栖动物
25	食性与成鱼相似，以浮游植物为主，浮游动物比例大大减少	食性与成鱼相似，以浮游动物为主，食物中浮游动物比重显著增大	大型枝角类、底栖动物，并杂有碎片、芜萍、水草	大型枝角类、底栖动物，并杂有碎片、芜萍	底栖动物、植物碎片
30	食性接近成鱼，以浮游植物为主	食性接近成鱼，以浮游动物为主	食性与成鱼相似，以水、旱草为主	取食大型枝角类、摇蚊幼虫	取食底栖动物、植物、碎片等

四 鱼苗鱼种的生长

在鱼苗、鱼种阶段，鲢鱼、鳙鱼、草鱼、青鱼及鲤鱼、团头鲂和鲫鱼等的生长速度是很快的。鱼苗到夏花阶段，它们的相对生长速率最大，是鱼的一生中生长速度的最高峰。在鱼种饲养阶段，鱼体的相对生长率较上一阶段有明显下降。在100天的培育时间内，体重增长的加倍次数为9~10天，即每10天体重增加一倍。

五 鱼苗鱼种对水环境的适应

刚孵化的鱼苗体表没有鳞片覆盖，整个身体裸露在水中，加上鱼体幼小、嫩弱、游泳能力差，因此它们对不良环境的适应能力差，对敌害生物（包括鱼、虾、蛙、水生昆虫、剑水蚤等）的抵抗能力弱，极易遭受敌害生物的残食。

> ➡ 【提示】 由于弱小的鱼苗鱼种对水环境的要求比成鱼严格，适应范围小，为了保证鱼苗鱼种的培育成功，我们要尽可能地创造优质的生态环境来适应鱼苗鱼种的生长发育。

第三节 鱼苗的培育

一 鱼苗的培育措施

所谓鱼苗培育，就是将鱼苗养成夏花鱼种的过程。现在我国许多地方已经建立起一整套培育鱼苗的综合技术，使发塘池鱼苗的成活率明显提高。在亩放 10 万尾鱼苗的密度下，经 20 天左右的培育，夏花的出塘规格可达 3.3cm 以上，成活率达 80% 左右，鱼体肥壮、整齐（彩图 4-3）。

为了提高或达到夏花鱼种培育的 80% 的成活率，根据鱼苗的生物学特征，可以通过采取以下措施来达到目的：①创造无敌害生物及水质良好的生活环境，确保鱼苗不受天敌的捕食；②适当施肥，保持培育塘里数量多、质量好的适口饵料，确保鱼苗从下塘开始一直到培育结束都能有充足的饵料；③加强管理，培育出体质健壮、适合于高温运输的夏花鱼种。为此，需要用专门的鱼池进行精心、细致的培育。这种由鱼苗培育至夏花的鱼池在生产上称为"发塘池"。

二 培育池塘的条件

鱼苗培育池应尽可能符合下列条件。

1. 水源

鱼苗培育池要求水质良好，水源充足，使用没有污染、不含泥沙和有害物质的江河、湖泊、水库和地下水。水源的水量要充沛，要注排方便。交通便利则更好，便于能及时将苗种运输出去。

2. 面积和水深

面积一般以 1 ~ 3 亩为好。初期水深 50 ~ 70cm，后期水深 1 ~ 1.2m，以便于控制水质和日常管理。

3. 形状和环境

形状最好为东西向的长方形，其长宽比为 5:3，宽 20m 左右。池周不能有高大树木或建筑物，以利于保持鱼苗培育池向阳背风，也有利于池内的水温快速增高，还有利于有机物的分解和浮游生物的繁殖，鱼池溶氧可保持在较高水平。池内不能生有水草和螺蚌。池埂要坚实不漏水，高度应超过最高水位 0.3 ~ 0.5m。

4. 土质

以壤土为好，池底要平坦，并向出水口一侧倾斜，池底少淤泥，淤泥厚不能超过10cm，池底无砖瓦石砾，无丛生水草，以便于拉网操作。

三 重视清整池塘

1. 重视整塘

对于那些多年用于养鱼的池塘，由于淤泥淤积过多，池埂长期受到水中波浪冲击和浸洗，一般都有不同程度的崩塌。根据鱼苗培育池所要求的条件，必须进行清整。清整鱼苗培育池一般每年进行一次，以冬季为宜。所谓清整池塘，就是将池水排干，清除池内过多的淤泥，减少病菌和寄生虫的数量；将池塘底部推平，并将过多的塘泥敷贴在池壁上，保证池壁平滑贴实，有利于拉网、投喂等操作；及时填好漏洞和裂缝，清除池底和池边杂草，有利于池塘的肥水；将多余的塘泥清上池埂，富含营养物质的塘泥可以为青饲料的种植提供肥料。

⚠️ **【注意】** 必须先整塘，曝晒数日后，再用药物清塘。只有认真做好整塘工作，才能有效地发挥药物清塘的作用。否则，池塘淤泥过多，造成致病菌和孢子大量潜伏，再好的清塘药物也无济于事。因此在生产上一定要克服"重清塘、轻整塘"的错误倾向。

2. 整塘的好处

长期的生产实践证明，在鱼苗培育前进行必要的整塘，是有好处的，突出表现为以下几点：①通过整塘，能有效地改善水质，增加肥度；②整塘后，能提高水体的容量，可以增加放养量；③塘埂得到加固和拓宽，对于保持水位，稳定生产是非常有益的；④将池塘内过多的塘泥及时清理出来，可以起到杀灭敌害，减少鱼病的作用；⑤塘泥营养好，是很好的有机肥，能促进青饲料（或农作物）的生长。

3. 做好彻底清塘消毒的工作

所谓清塘，就是在池塘内施用药物杀灭影响鱼苗生存、生长的各种生物，以保障鱼苗不受敌害、病害的侵袭。药物消毒一般在鱼苗下塘前7～10天的晴天中午进行。清塘药物的种类及使用方法，见表4-4。

表4-4　清塘药物的种类及使用方法

种　类	用　量	使用方法	使用效果	注意事项
生石灰（干施）	50～75kg/亩	池塘保留水10cm深，在池底挖若干小坑，将块状石灰倒入坑内，待生石灰溶化，均匀泼洒全池	可杀灭有害生物，增加钙肥。7～10天药性消失	生石灰现购现用，不宜久存；用量要准确
生石灰（湿施）	130～150kg/亩	水深1m，将石灰溶化，用船全池泼洒	可杀灭有害生物，增加钙肥。7～10天药性消失	生石灰现购现用，不宜久存；用量要准确
漂白粉	干法：4～5kg/亩 水深1m：12～15kg/亩	将漂白粉放入木桶或瓷盆内加水溶解，然后均匀泼洒	可杀灭杂鱼、致病菌和其他有害生物。5～7天后即可放鱼	应将漂白粉密封保存，防止受潮变质
茶粕	水深1m：40～50kg/亩	先将茶饼捣碎，浸泡1天，选择晴天加水稀释后带渣全池泼洒。	可杀灭杂鱼等并能肥水，但不能杀死病菌。10天后药性消失	小块必须泡开，以免沉底后造成以后死鱼；不使用变质茶粕
鱼藤精	7.5%原液，水深1m：700mL/亩	加水稀释后全池泼洒	可杀灭杂鱼等并能肥水，但不能杀死病菌。7天后药性消失	对人畜有害
巴豆	水深30cm：1.5～2.5kg/亩	把巴豆磨细，用30%的盐水浸泡2～3天，再用水稀释后连渣全池泼洒	可杀灭杂鱼等并能肥水，但不能杀死病菌。7天后药性消失	对人畜有害

种　类	用　量	使用方法	使用效果	注意事项
碱粉（碳酸钠）	干池：7.5g/m³泼洒	碱粉化水，加水稀释后泼洒	使池水呈微碱性，可防出血病	注意不能和酸性药物同时使用
氨水（含氮12.5%～20%）	干池：12.5kg/亩	将氨水加水稀释后，均匀泼洒	①杀菌、虫及有害生物②不能杀死螺蛳③池水呈微碱性	不可久放，容易挥发造成效果降低
生石灰和茶饼混合	水深0.66m，每亩用生石灰50kg和茶饼30kg。	先将茶饼捣碎浸泡好，然后混入生石灰中，生石灰吸水溶化后，再全池泼洒。1周后，可以放鱼试水。	可杀灭杂鱼、病菌等有害生物，增加钙肥。10天后药性消失	小块必须泡开，以免沉底后造成以后死鱼；不使用变质茶粕；生石灰现购现用
生石灰与漂白粉混合	水深1m，每亩用生石灰65～80kg和漂白粉6.5kg	将漂白粉放入木桶或瓷盆内加水溶解，然后均匀泼洒，生石灰溶化均匀泼洒全池	7～10天药性消失	生石灰现购现用，不宜久存；应将漂白粉密封保存，防止受潮变质

⚠ 【注意】 清塘时，将水排干，挖掉过多的淤泥，使塘底冰冻曝晒，消灭病原体，促使有机物分解。

四 鱼苗下塘前的工作

在鱼苗下塘前，要做好以下一系列工作，确保鱼苗的培育能取得实效。

1. 检查毒性

主要是检查清塘药物的毒性是否完全消失，如果塘水里仍然有残余毒性，那么就不能放鱼苗，只有确认没有毒性了，才能进行鱼苗的培育。检测方法有两种，其中一种是用仪器进行精密测定，这种方法虽然准确，但是费用高，而且对养殖户来说也不实用，例如用生石灰清塘时测定 pH 下降到 9 以下，说明毒性已消失。

> 【提示】 一种简便实用的方法就是将几十尾即将培育的鱼苗放入网箱中，网箱设置在池塘内，池塘里的水位必须在 50cm 左右，0.5～1 天后观察鱼苗活动是否正常，如果鱼苗活动正常说明毒性已经消失，可以大量放养鱼苗；如果发现有鱼苗死亡现象，说明水中还有残余毒药，此时不可放鱼苗，需要继续进行观察，另外还同时可以观察池中有无水蚤。

2. 拉网

用较密的网拉空塘 1～2 次，看有否野杂鱼、蛙卵、水生昆虫等敌害混入，一旦发现要立即予以灭杀。

3. 检查池水肥瘦程度

如果池水过瘦，就需要及时添施肥料培养水质；如果池水过肥，可加些新水；如果发现池塘里大型浮游动物繁殖过多，可用 2.5% 敌百虫杀死，用药剂量为 1～1.5g/m³，另外可以采取生物法来防止大型浮游动物大量繁殖，每亩可先放 13cm 左右的健康鳙鱼种 200～300 尾，待鱼苗下塘前再全部捕出。

五 鱼苗放养前的处理

1. 缓苗处理

鱼苗运输一般都是通过用塑料袋充氧密闭运输的，特别是长途运输的鱼苗，由于运输时间长，鱼苗一直待在塑料袋内，结果导致塑料袋和鱼体内都含有较多的二氧化碳，有时会使鱼苗处于暂时麻醉甚至昏迷的状态，我们可以通过肉眼来鉴别，如果看见袋内的鱼苗大多集中成团时，可能就表示鱼会暂时因二氧化碳过多而昏迷。如果将这种鱼苗直接下塘，毫无疑问，这时鱼苗的成活率极低，这种情况下就要先经过缓苗处理后再入池。具体的技术措施是将经过运输来的鱼苗尤其是长途运输的鱼苗，先放在鱼苗箱中暂养。暂养前，先将鱼苗连同塑料袋一起放入池内，过 5min 后再将袋子转一转方向，经过 2～3 次约 20min 左右的处理后，当袋内外水温一致后再打开塑料袋，把袋内的鱼苗放入池内的鱼苗箱中暂养。暂养时，要经常用手或其他器具在箱外划动池水，以增加箱内水的溶氧（彩图 4-4）。

> 【提示】 一般经 0.5～1.0h 的暂养，鱼苗血液中过多的二氧化碳均已排出，鱼苗的活力会大增，具体表现为它们会集群在网箱内逆水游泳（图 4-1）。

2. 饱食下塘

经过缓苗处理后的鱼苗在下塘后，将会面临着适应新环境和尽快获得适口饵料这两大问题。如果我们在下塘前投喂鸭蛋黄水或鸡蛋黄水，保证鱼苗能饱食后再放养下塘，实际上就是保证了仔鱼第一次能安全摄食，其目的是加强鱼苗下塘后的觅食能力和提高鱼苗对不良环境的适应能力（图 4-2）。

图 4-1　缓苗处理　　　　　　图 4-2　鱼苗下塘

> 【提示】 先将鸭蛋或鸡蛋在沸水中煮 1h 以上，越老越好，以蛋白起泡者为佳。取蛋黄掰成数小块或者揉成粉末，用双层纱布包裹后，在脸盆内轻轻漂洗出蛋黄水，最后将脸盆内的蛋黄水淋洒于鱼苗箱内。一般 1 个鸭蛋黄或鸡蛋黄可供 10 万尾鱼苗摄食。待鱼苗饱食后，肉眼可见鱼体内有一条白线时，方可下塘。

六 适时放养

　　肥水下塘的生物学原理是利用浮游生物发育规律和鱼类在个体发育中食性转化规律的一致性。鱼苗池清塘注水施肥后，各种浮游生物的繁殖速度和出现高峰的时间不一样，一般顺序是：浮游植物和原生动物——轮虫和无节幼虫——小型枝角类——大型枝角类——桡足类。鱼苗入池到全长 15～20mm 时食性转化规律一致，即轮虫和无节幼虫——小型枝角类——大型枝角类和桡足类。鱼池适时清塘肥水和鱼苗适时下塘就是利用二者的一致性，使鱼苗在各个发育阶段都有丰富适口的天然饵料。因此，鱼苗适时下塘是养好鱼苗的重要技术措施。下塘的最佳时机就是池水中轮虫数量达最高峰（每升水 10000 个，生物量 20mg 以上）时，把鱼苗放入池中；若下塘过早，轮虫数量尚少，鱼苗入池后吃不饱，生长不好；若下塘过晚，轮虫高峰期已过，鱼苗入池后吃不到适口的活饵料，而且在轮虫过后，大量枝角类动物出现，鱼苗口小，吃不下，同样生长不好。总之，鱼苗下塘过早和过晚都不好，必须做到适时下塘（图 4-3）。

图 4-3　下塘后的鱼苗

　　当鱼苗孵出后 5 天左右，鳔充气而又能正常水平游动时，就可以过数并适时放养下塘。在放养时，应注意以下事项：

　　① 同一个发花塘应放养同一批鱼苗。

　　② 鱼苗下塘时的水温差不能超过 2℃。

　　③ 要检查鱼苗是否能主动摄食，只有具备主动摄食能力的鱼苗才可以下塘。

　　④ 鱼苗下塘前后，每天用低倍显微镜观察池水中轮虫的种类和

数量。

⑤ 在下塘前必须检查池中是否残留敌害生物。

⑥ 鱼苗下塘时，应将盛鱼的容器放在避风处倾斜于水中，让鱼苗自动徐徐游出。

七 合理密养

合理密养可以充分利用池塘，节约饵料、肥料和人力，但密度太大也会影响鱼苗生长和成活。一般鱼苗养至夏花，每亩放养8 万 ~15 万尾，鱼苗养到乌子一般每亩15 万 ~30 万尾，乌子养成夏花每亩放养量为 3 万 ~5 万尾。具体的数量随培育池的条件、饵料、肥料的质量、鱼苗的种类和饲养技术等有所变动。如条件好，饵料肥料量多质好，排灌水方便，饲料肥料充足，放养期早，饲养技术水平高和管理水平的池塘，放养密度可稍大一些，否则就要小些。一般青鱼、草鱼苗密度偏稀，鲢鱼、鳙鱼苗可适当密一些，鲮鱼苗可以更密一些。此外提早繁殖的鱼苗，为培育大规格鱼种，其发塘密度也应适当稀一些。

八 科学培育

精养细喂是提高鱼苗成活率的关键技术之一。由于选用的饲料和肥料不同，饲养方法不一。

1. 豆浆培育鱼苗

这种方法目前应用比较广泛，也是江浙一带的传统鱼苗培育法。放养的鱼苗在下塘后 5 ~6h 要及时投喂第一次豆浆。豆浆投喂时要全池泼洒，重点做好"两边四角"的泼洒，在泼洒时力求细而均匀，落水后呈云雾状。投喂次数为每天 2 ~3 次，两次投喂时，时间安排在 8：00 ~10：00 和 14：00 ~16：00；如果是三次投喂，时间安排在 8：00 ~9：00、13：00 ~14：00 和 16：00 ~17：00。投喂数量应视池塘水肥瘦和施肥情况而定，一般每亩每天喂 1.5 ~2.5kg 黄豆或2.5 ~3.5kg 豆饼的浆，10 天后根据水色和鱼的生长情况酌情增加。一般养成一万尾夏花需黄豆 5 ~8kg 或豆饼 8kg 左右。

先将黄豆浸泡后再磨成豆浆，在水温25 ~30℃时浸泡6 ~7h，如果用池塘里的自然温度的水，可以将黄豆用布袋装好，直接放在池塘里浸泡24h左右就可以了。一般1kg黄豆可磨15～18kg浆，1kg豆饼可磨10～12kg浆。

> **【提示】** 磨浆时要将黄豆和水同时加入，不能磨好后再加水冲稀，否则会产生沉淀。磨好的豆浆要及时投喂以防变质。饲养青、草鱼的塘，鱼苗下塘10天后由于食性和习性的改变常聚集在塘边游泳，因此除喂两次豆浆外，还需在塘边增投豆饼糊一次。

2. 有机肥和豆浆结合培育鱼苗

有机肥料饲养法是在鱼苗池中施用青草、粪肥等有机肥培育天然食料饲养鱼苗，适当投喂人工饲料。各养鱼地区施用的有机肥料不尽相同，广东和广西用青草（大草）和少量牛粪；湖南等地用人粪尿；安徽滁州地区用人粪尿、鸡粪；也有的地区用马粪、猪粪、羊粪等。施草方法通常采用池内堆积法，即把肥料堆积在池塘相对应的两角；粪尿一般堆沤或加水成浆状均匀泼入池中。

> **【提示】** 施肥次数为每2～3天或每天一次，采取勤施、少施的原则。每次每亩施肥100～200kg，依肥料种类和池水肥度、天气灵活掌握。

鱼苗养成夏花鱼种阶段，几种鱼苗全长达20mm以前主要摄食轮虫和枝角类等浮游动物，20mm以后各种鱼的食性才明显分化，因此，鱼苗饲养前期（10天左右）主要施用有机肥培养轮虫和枝角类等浮游动物，后期（5～10天）施肥培育浮游动物的同时，因培养鱼苗种类不同应分别考虑其食性，培养浮游植物（养鲢鱼）、浮游动物（养鳙鱼）等，培养草、青鱼苗，后期应投喂人工饲料，因为施肥培养的大型浮游动物不能满足池鱼需要。用有机肥料培养天然食物养鱼苗，水质肥度的控制是关键，但难度较大，前期要求水中浮游动物量在20mg/L以上（每升水中含轮虫10000个，或枝角类动物200个以上），而且有一定数量的浮游植物供浮游动物食用、保证水中溶氧量；后期主养鳙、草、青、鲤鱼苗的池水肥度的要求同前期，主养鲢、鲮鱼苗的池水肥度应比前期肥，以浮游植物为主，其生物量应达到30mg/L，并应以隐藻、硅藻、鞭毛绿藻、某些鱼腥藻等易消化的种类为优势种群。控制池水肥度和天然食物组成的措施是注水和施肥，关键是掌握浮游生物的发生规律和鱼苗食性转化规律，采用科学方法控制水质肥瘦和食物组成。

目前，各地综合了施肥和豆浆饲养鱼苗的优点，采用施肥和投喂豆浆相结合的混合饲养法。它的优点是节约精饲料，充分利用施肥培养天然食物，养鱼苗的效果好。在生产上，为了便于操作，我们根据鱼苗在不同发育阶段对饵料的不同要求，可将鱼苗的生长划分为5个阶段，用有机肥和豆浆结合进行强化培育：

（1）肥水阶段 鱼苗下塘前5~7天，每亩施有机肥300~400kg，培养轮虫等天然食物。

（2）轮虫阶段 这一阶段为鱼苗下塘的第1~5天。这一阶段由于鱼苗主要以轮虫为食，所以我们泼洒豆浆的主要目的是为了维持池内轮虫数量，如果轮虫数量不足10000个/L，鱼苗下塘当天就应泼豆浆，每天每亩投喂豆浆2~3kg。豆浆要均匀泼洒，采用"三边二满塘"的投喂法，即上午（8：00~9：00）和下午（14：00~15：00）满塘洒，四边也洒，中午再沿边洒一次。豆浆一部分供鱼苗自行摄食，另一部分则用于培肥水质，另外每3天每亩施有机肥150~200kg，主要是培养浮游动物。培育要求是到5天后，鱼苗全长从7~9mm生长至10~11mm。

（3）水蚤阶段 这一阶段为鱼苗下塘后第6~10天。由于在这一阶段，鱼苗主要以水蚤等枝角类动物为食，所以我们泼洒豆浆的主要目的是为了培育并维持池内水蚤等枝角类动物的数量，因此就需要施用有机肥来达到目的，选择晴天上午，最好是第6或第7天追施1次腐熟粪肥，每亩100~150kg，全池泼洒，以培养大型浮游动物。

在施有机肥的同时，还需要继续泼洒豆浆，每天8：00~9：00和13：00~14：00时各泼洒豆浆1次，每次每亩豆浆数量可增加到30~40kg。培育要求是到第10天后鱼苗全长从10~11mm长至

16~18mm。

（4）精料阶段　这一阶段为鱼苗下塘后的第11~15天。这一阶段池塘里的大型浮游动物已被鱼苗捕食得差不多了，不能满足鱼苗继续生长发育的需要，另一方面部分鱼苗的食性已发生明显转化，开始在池边浅水寻食。尤其是饲养青、草鱼的池塘，鱼苗下塘10天后由于食性和习性的改变常聚集在塘边游泳，因此这时需要改投豆饼糊或磨细的酒糟等精饲料，每天每亩合干豆饼1.5~2.0kg。投喂时，应将精料堆放在离水面20~30cm的浅滩处供鱼苗摄食。也可以用密网布或筛绢制作饵料台，面积为60cm×60cm就可以了，将豆饼糊放在饵料台上，每亩水面可设6~7个饵料台。培育要求是到第15天后鱼苗全长从16~18mm长至26~28mm（彩图4-5）。

（5）锻炼阶段　也就是鱼苗下塘的第16~20天。经过20天左右的精心喂养和培育，鱼苗全长从26~28mm长至31~34mm，这时鱼苗已达到夏花鱼种规格，需要及时出售或分塘。为了提高夏花鱼种的成活率，同时也是对适应高温季节出塘分养的需要，这时需要拉网锻炼。

用上述饲养方法，每养成1万尾夏花鱼种通常需黄豆3~6kg，豆饼2.5~3.0kg，有机肥10kg左右。

3. 大草培育鱼苗

豆科、菊科等大草，并不是鱼类的直接饵料，而是为了投放入池中腐烂分解沤肥水质，培育浮游生物供鱼苗食用。凡是无毒、无刺激的新鲜嫩草和茎叶，均可用来作为大草养鱼，一些外被较薄、草汁饱满、质体柔嫩、容易腐烂的陆生植物如艾草和蒿草等，也是常用的大草。广东、广西多采用此法饲养鱼苗。

具体操作为：鱼苗下塘前7~10天，每亩投放大草200~400kg，分别堆放于池边浸没于水中，腐烂后培养浮游生物。在鱼苗下塘后，每隔3~5天增补一些大草，每亩每次用量为150~200kg，分堆于池角浅水处，并在草上撒少量生石灰，加速其发酵分解。放草料时务必使草堆全部浸在水内，以免被风吹散。如果天气晴朗暖和，4天左右草堆将开始腐烂，1周时池内水色达高峰，呈褐色偏黑。大草通过腐烂，纤维组织内所含大量的草汁被分解成营养物质，浮游生物很快大量繁殖起来。鱼苗下池至培育成夏花，整个阶段共堆大草 4 ~ 5 次，养 1 亩夏花需大草 650 ~ 800kg。

> ● 【提示】 饲养鲢、鳙鱼苗，水质要肥，以油青色为好，养青、草鱼苗池水肥度应稍低一些，施大草量较鲢、鳙池少一些。

大草养鱼应注意以下几点事项：

1）草要新鲜，随用随割，割下后及时堆入池中。每次加草的时间间隔长短及加草的数量，要根据水色浓度和天气情况而灵活增减。

2）在调换新堆时，老草堆必须是全部烂完，残渣可在水中洗一洗再捞起。

3）草堆一定要全部浸在水中，如果露出水面，风吹日晒会降低其效果。

4）草堆压得严实一点，可使草堆内的热量不致扩散，有利于加速草堆的腐烂。

5）用大草培育鱼苗的池塘，浮游生物量较丰富，但水质不够稳定，容易造成水中溶氧条件较差，因此要做好池塘增氧工作和巡视工作，一旦发现鱼苗有浮头现象时要立即处理。

6）如发现鱼苗生长缓慢，可增投精饲料，可将花生饼加水磨细成糊状投喂，每天每亩投喂量为干花生饼 1.5 ~ 2.0kg，应将精饲料堆放在离水面 20 ~ 30cm 的浅滩处供鱼苗摄食。也可以用密网布或筛绢制作饵料台，面积为 60cm×60cm 就可以了，将花生饼糊放在饵料台上，每亩水面可设五个饵料台。

4. 草浆培育鱼苗

利用水花生、水浮莲、水葫芦等高产水生植物，打成草浆饲养鱼苗。投喂方法是每日 2 次全池泼洒，一次是 9：00 ~ 10：00，另一次是 14：00 ~ 15：00 时，每亩每天投草浆 50 ~ 70kg，具体数量视水色而定。鱼苗除了直接摄食草浆中的适口颗粒外，其余的大量草浆并没有被鱼苗所摄食，它们会在水中迅速分解起到施肥的作用。

5. 粪肥培育鱼苗

就是将粪肥施入池中，培育天然饲料饲养鱼苗。凡动物粪便经充分腐熟发酵后，均可饲养鱼苗。常用的大粪有人粪尿、畜粪、禽粪等，施用时将粪肥稀释成水液，滤去粪渣，全池泼洒即可，也可在鱼苗下塘前1周，先施基肥把水培肥，方法是将粪便堆于池塘一角，任其自然扩散，亩施基肥量为400~500kg。鱼苗下塘后，根据水质肥度、天气、水温和鱼苗生长情况决定施肥量，一般每日每亩用量为人粪尿40~50kg或牛粪75kg，用时也要滤去粪渣，加水稀释，全池泼洒。

6. 混合堆肥培育鱼苗

混合堆肥的原料，根据因地制宜、就地取材的原则，多采用来源广的青草和动物粪便，将青草和粪一层层地堆入发酵池内（池窖不可有渗漏），即一层草一层粪，顺次堆叠，每层草和粪之间，撒上一层生石灰浆，生石灰的数量为堆肥总量的1%~15%，堆完后注水入池，至全窖堆肥浸在水中为止，最后用黄泥密封起来。

使用时，打开封土，取出浸液稀释后全池遍洒，鱼苗下塘前3~4天，每亩用堆肥液汁75~100kg作基肥；鱼苗下塘后，每亩每天投施堆肥液汁 50kg 左右，具体投肥量还要根据池水浓度和天气情况酌情增减。

7. 无机肥料培育鱼苗

无机肥料饲养鱼苗的优点是省力、经济、速效、肥分含量高、操作方便，不会污染水质，水中溶氧高、病虫害少，同时化学肥料可直接被浮游植物吸收利用，促进浮游生物的生长，增加水体天然饵料，同时又可及时调节水体的酸碱度（pH）；其缺点是营养成分单纯、肥效不稳定、培养浮游生物的效果不及有机肥料。

鱼池施用无机肥料培养浮游生物，其中浮游动物出现的时间比施用有机肥料晚一些。因为无机肥料只能被浮游植物吸收利用，不能被细菌和浮游动物直接吸收利用；所以池中首先大量出现浮游植物，然后才出现浮游动物。施用有机肥料，细菌和浮游动物能够直接利用一部分有机物质而很快地繁殖起来；单施无机肥料，浮游植物特别是蓝藻大量繁殖时，对饲养鱼苗是不利的，因为在鱼苗养成夏花阶段，除鲢鱼在后期摄食部分浮游植物外，其他几种鱼都是以浮游动物为食物的。所以最好是无机肥料和有机肥料混合施用。

如果单施无机肥料培育鱼苗，一般以硫酸铵、碳酸氢铵、氨水、尿素等氮肥为主，过磷酸钙为辅，氮磷肥混合施用为宜。

池塘水的透明度在 30cm 以上时，鱼苗下塘前 3~5 天，水深 70cm 左右的池塘，每亩施尿素 1.5~2kg 或碳酸氢铵 5~7.5kg，过磷酸钙 5kg，化水稀释后全池泼洒，培肥水质，做到肥水下塘。鱼苗下塘后根据水质、天气、鱼苗的生长状况决定施追肥的次数和数量。原则上应做到少量勤追，一般 3~4 天施追肥一次，每亩平均施尿素 250~500g，或碳酸氢铵 1.5~2.5kg，并施适量的磷肥 1~1.5kg，追肥时应将化肥经水溶解后再全池泼洒，以免鱼苗把化肥颗粒误作饵料吞食，引起危害。

施用铵态氮肥时应注意施肥量与池水 pH 的关系。pH 低于 8.0 时，氨态氮对鱼苗的致死浓度较高，一般不会因施化肥而造成死鱼的现象；但是，如果池塘浮游植物繁盛，中午和下午光合作用强度大，池水 pH 高达 9.5 时，氨态氮对鱼苗的半致死浓度大大降低（0.17~1.1mg/L），这时施化肥应注意浓度不应超过 1mg/L。施肥

第四章 池塘鱼苗、鱼种的培育

129

时，应在上午施，因为上午池水 pH 较低，施化肥的浓度大一些不会引起死鱼，同时肥料入池后当天能够被浮游植物吸收利用。

> ⚠ **【注意】** 不论采用哪一种方法，要提高鱼苗饲养成活率，都要做到肥水下塘，即在鱼苗下塘前 3~5 天施肥，培育浮游生物。

九 拉网锻炼

1. 拉网锻炼的目的

鱼苗下塘后经过 20~25 天饲养，一般可长到 3cm 左右，体重增加了几十倍乃至一百多倍，就要求有更大的活动范围。这时各种鱼的食性已开始分化，随着鱼体的增长，原有密度又过大，鱼池的水质和营养条件已不能满足鱼种生长的要求，因此必须分塘稀养。更重要的是作为鱼苗培育单位，不可能把自己培育的夏花鱼种全部用于自己培育冬片或养殖成鱼，因此有相当多的鱼种还要运输到外单位甚至长途运输。但此时正值夏季，水温高，鱼种新陈代谢强，活动剧烈，而夏花鱼种体质又十分嫩弱，对缺氧等不良环境的适应能力差。为了增强夏花的体质，同时也是让它们适应长途运输，有必要在夏花鱼种出塘分养前进行 2~3 次拉网锻炼。

2. 拉网锻炼的作用

对夏花鱼种进行拉网锻炼作用的主要作用体现在以下几点：①鱼体质更健壮，在锻炼时，需要将夏花集中在一起，经密集锻炼后，可促使鱼体组织中的水分含量下降，肌肉变得结实、体质更健壮，对分塘操作和运输途中的颠簸有较强的适应能力。②增强夏花鱼种对低溶解氧的适应能力，通过密集几分钟的锻炼来增加鱼体对缺氧的适应能力。③有助于运输，在锻炼过程中，可以促使鱼体分泌大量黏液和排出肠道内的粪便，减少运输途中鱼体黏液和粪便的排出量，从而有利于保持较好的运输水质，提高运输成活率。④有利于数量的统计，拉网锻炼的同时也是统计收获夏花数量的最好时机，可以大致了解池塘里的鱼种数量。⑤通过锻炼拉网，可以同时除去一些敌害生物。

3. 拉网锻炼的方法

拉网锻炼的工具、网具主要有夏花被条网（俗称篦网）、专用锻炼网箱、鱼筛等。这些工具、网具的好坏直接关系到鱼苗成活率和劳动生产率的高低，也体现了养鱼的技术水平。

夏花在分塘前需经过 2~3 次拉网锻炼。当鱼苗池的稚鱼处于锻炼阶段时，选择晴天，在 9：00 左右拉网。第一次拉网又叫"开网"，用专用的夏花被条网（它是一种密眼网）把夏花捕起，只需将夏花鱼种围集在网中，观察一下鱼的数量和生长情况，检查鱼的体质，并提起网衣使鱼在半离水状态挤轧 10~20s，随即放回池内（图4-4）。

图4-4　拉网锻炼

隔一天进行第二次拉网，第二次拉网是将夏花围集后移入网箱内，俗称"上箱"。第二次拉网应尽可能将池内鱼种捕尽，因此，拉网后，应再重复拉一网，将剩余鱼种也放入网箱内锻炼。为防止鱼浮头，要将网箱徐徐推动并向箱内划水。放箱时间的长短，应根据鱼的体质和活动情况而定，发现鱼种浮头要立即下塘。如不需长途运输或鱼的体质很好，第二网即可分塘。

⮕ 【提示】　如要长途运输需隔一天再进行第三次拉网锻炼，操作同第二次拉网。

4. 过筛和过数

分塘和运输之前要过筛和过数，出塘过数和成活率的计算，一般采取抽样计数法，即选有代表性的一捞海或一杯计数，然后进行计算。夏花鱼种的出塘计数通常采用杯量法。量鱼杯选用 250mL 的直筒杯，杯为锡、铝或塑料制成，杯底有若干个小孔，用以漏水。计数时，用夏花捞海捞取夏花鱼种迅速装满量鱼杯，立即倒入空网箱内。任意抽查一量鱼杯的夏花鱼种数量，根据倒入鱼种的总杯数和每杯鱼种数推算出全部夏花鱼种的总数。

总尾数 = 捞海（杯）数 × 每捞海（杯）尾数

成活率（％）= 夏花出塘数/下塘鱼苗数 × 100

5. 拉网锻炼时的注意事项

对夏花鱼种进行拉网锻炼时，有几点事项需要注意。

1）在拉网前，要做好池塘的清洁工作，主要是清除池中水草和青苔，以免妨碍拉网和损伤鱼体。

2）在拉网前如果发现池塘里有浮头现象时，就不能继续拉网锻炼，应等鱼塘恢复正常后再进行。如正在拉网和分塘操作时遇暴雨等恶劣气候应立即停止拉网。

3）在夏花鱼种进入网箱后，要及时清除网箱内的污物粪便，防止污泥和黏液堵塞网目引起鱼苗缺氧死亡。一旦发现鱼体娇嫩、鳃盖发红、鱼种贴网等异常现象时应停止操作，并将网箱中的鱼立即放回原池。

4）对于那些污泥多、水又浅的池塘，拉网前要加注新水，保证拉网的顺利进行。

第四节　鱼种的培育

一 鱼种培育的重要性

在养殖中，为什么必须培养 1 龄大规格鱼种呢？鱼种培育的目的是提高鱼种的成活率和培养大规格鱼种。因为同样的 1 龄鱼种，大规格鱼种与小规格鱼种相比，它们的食谱范围、对疾病的抵抗能力和对不良环境的适应能力及逃避敌害生物的能力均有不同程度的增大和增强。

在生产上，大规格 1 龄鱼种有以下优点：

① 大规格鱼种生长速度快，一般养殖情况下，放养大规格鱼种后，经过 1～2 年的养殖就可以快速上市，这样可以缩短养殖周期，加速资金周转，提高经济效益。

② 可以节省 2 龄鱼种池，为扩大成鱼池面积创造条件。

③ 自己培育的鱼种成活率高，不但能满足自己养殖成鱼的需求，

为鱼种自给提供了可靠保证，还能为其他养殖户提供大规格鱼种。

由此可见，大规格鱼种体质健壮，成活率高，生长快，这就为池塘养鱼大面积高产、优质、低耗、高效打下了良好的基础。

二　鱼池条件

鱼种池条件与鱼苗池的要求相似，只是面积稍大些，一般面积以 2 ~ 5 亩为宜，深度略深，水深以 1.5 ~ 2.0m 为宜。具体的整塘、清塘方法同鱼苗培育池。

三　施基肥

夏花阶段尽管鱼种的食性已开始分化，但是它们对浮游动物都很喜欢摄食，而且吃这些天然饵料，鱼种生长更加迅速。因此，鱼种池在夏花下塘前应施有机肥料以培养浮游生物，这是提高鱼种成活率的重要措施。一般每亩施 200 ~ 400kg 粪肥。由于鲢鱼、鳙鱼是肥水鱼，主要是以水体中的浮游生物为饵料，因此以鲢鱼、鳙鱼为主体鱼的池塘，基肥应适当多一些，鱼种应控制在轮虫高峰期下塘；以青鱼、草鱼、团头鲂、鲤鱼为主体鱼的池塘，应控制在枝角类动物（水蚤）高峰期下塘。此外，以草鱼、团头鲂为主体鱼的池塘还应在原池培养芜萍或小浮萍，作为鱼种的适口饵料。

四　夏花放养

1. 放养时间

鱼苗培育成夏花时，时间基本上为 6 ~ 7 月，因此从夏花培育一年鱼种的放养时间宜选择在 6 ~ 7 月，力争早放。俗话说"青鱼不脱至（夏至），草鱼不脱暑（小暑），鲢、鳙不脱伏（中伏），宜早不宜迟"，说的就是这个道理（彩图 4-6、图 4-5）。

2. 鱼种搭配

鱼种阶段由于各种鱼的活动水层、食性、生活习性

图 4-5　培育好的夏花

已有明显差异，不同的鱼生活在不同的水层，摄食不同的食物，因此可以通过混养，来达到充分利用池塘水体空间和天然饵料资源的目的，发挥池塘的最大生产潜力。但也存在另一个缺点，虽然不同的鱼其食性已经开始转化，可以自行捕食池塘里的天然饵料，但是它们对所投喂的人工饵料都很喜欢吃，这就容易造成争食现象，也难以掌握养成鱼种的规格。

当然单养一种鱼种显然也是非常不利的。如果单养草鱼或青鱼时，由于它们不会吃水体中的浮游生物，会慢慢导致池塘里的水质过肥，这对喜欢清新水的草鱼、青鱼生长不利。如果单养鲢鱼、鳙鱼，那么水体中的底栖生物无法利用。因此在生产上都采用将几种鱼适当搭配，做到主次分明，大小有别，就可以做到彼此互利，提高池塘利用率和鱼种成活率。最近几年为了满足成鱼放养的需要，一些养鱼高产单位，在鱼种生产过程中，也采用类似成鱼池多种鱼类搭配混养的放养方式以达到种类全、产量高的目的。

在鱼种搭配混养时，要注意两点。一是凡是与主养鱼在食饵竞争中有矛盾的鱼种一概不混养。二是采取主体鱼提前下塘，配养鱼推迟放养的技术措施，尤其是青、草鱼为主的池塘，青、草鱼先下塘，依靠它们的残饵、粪便培育水质，20~25 天后再放配养的鲢、鳙、鲤、鳊鱼等。

目前生产上鱼种搭配混养比例比较成熟的方案如表 4-5 所示，以供参考。

表 4-5　主次鱼的搭配混养比例

主养鱼	主次鱼的比例（%）						
	草鱼	鲢鱼	鲤鱼	鲫鱼	青鱼	鳙鱼	鳊鱼
草鱼	50	30	10	10	—	—	—
青鱼	—	—	—	5	70	25	—
鲢鱼	20	65	10	—	—	5	—
鳙鱼	20	—	10	—	—	65	5
鲤鱼	10	20	70	—	—	—	—
鳊鱼	—	20	10	—	—	—	70

3. 放养密度

在培育鱼种时，夏花放养的密度并不是随意的，而是依据食用鱼水体所要求的放养规格和放养计划而制定夏花鱼种的放养收获计划。总体要求为，鱼种出塘规格大小主要根据主体鱼和配养鱼的放养密度、鱼的种类、池塘条件、饵料和肥料供应情况和饲养管理水平而定。同样的出塘规格，鲢鱼、鳙鱼的放养量可较草鱼、青鱼大些，鲢鱼可比鳙鱼多一些。一般在生产上多采用草鱼、鲢鱼、鲤鱼（或鲫鱼）混养或青鱼、鳙鱼、鲫鱼（或鲤鱼）混养，效果较好。

如果养殖户的池塘条件好，饵料和肥料充足而且养鱼技术水平高，配套设备较好，那么就可以增加放养量，反之则减少放养量。此处汇集了江浙渔区夏花放养数量与出塘规格，以供参考（表4-6）。

表4-6　江浙渔区夏花放养数量与出塘规格

种类	主体鱼		配养鱼			放养总数/（尾/亩）
	放养量/（尾/亩）	出塘规格	种类	放养量/（尾/亩）	出塘规格	
草鱼	2000	70~100g	鲢鱼	1000	100~125g	4000
			鲤鱼	1000	20~22g	
	5000	10~13cm	鲢鱼	2000	50g以上	8000
			鲤鱼	1000	12~15g	
	8000	12~13cm	鲢鱼	3000	15~17cm	11000
	10000	8~10cm	鲢鱼	5000	12~13cm	15000
青鱼	3000	75~100g	鳙鱼	2500	13~15cm	5500
	6000	13~15cm	鳙鱼	800	125~150g	6800
	10000	10~12cm	鳙鱼	4000	12~13cm	14000
鲢鱼	5000	13~15cm	草鱼	1500	50~100g	7000
			鳙鱼	500	15~17cm	
	10000	12~13cm	团头鲂	2000	10~12cm	12000
	15000	10~12cm	草鱼	5000	75g左右	20000

高效池塘养鱼

（续）

| 种类 | 主体鱼 | | 配养鱼 | | | 放养总数/（尾/亩） |
	放养量/（尾/亩）	出塘规格	种类	放养量/（尾/亩）	出塘规格	
鳙鱼	4000	13～15cm	草鱼	2000	50～100g	6000
	8000	12～13cm	草鱼	2000	13～15cm	10000
	12000	10～12cm	草鱼	2000	10～12cm	14000
鲤鱼	5000	20～25g	鳙鱼	4000	12～13cm	10000
			草鱼	1000	50～100g	
团头鲂	5000	12～13cm	鲢鱼	4000	12～13cm	9000
	8000	10～12cm	鳙鱼	1000	13～15cm	9000
	10000	10cm	鳙鱼	1000	500g	11000
	25000	7cm	鳙鱼	100	500g	25100

4. 夏花体质

放养时要对鱼种的体质进行鉴定，要求夏花鱼体健康，无白嘴、白尾，鳞片整齐，没有畸形，活动力强（图4-6）。

图4-6　夏花入池

五　鱼种饲养方法

随着我国饲料工业和鱼类营养学科的发展，以颗粒饵料为主饲养鱼种的方法已在全国逐步开展。现以鲫鱼为例，介绍专池培养大规格鱼种的关键技术。

1. 饲料的选择

夏花长至7g左右宜选择颗粒破碎料投喂，长至20g之后选择品牌饲料投喂。

2. 饲料的投喂

在鱼苗下池3天后开始投喂饲料，投喂要按"四定"原则。即定时、定位、定质、定量，使投饵更加科学化、具体化，以提高投饵效果，降低饵料系数。

1）定时：就是每天投喂的时间应相对稳定，一般每天2次即每天8：00～10：00，14：00～16：00各投喂1次。在水质条件良好，鱼种密度较大的情况下，可以考虑增加每天投饵次数，延长每次投饵时间。如遇天气闷热和雷暴雨时应推迟或停喂，早上浮头需待恢复正常后1～2h再投喂。

2）定量：就是投喂的饲料要适量，避免过多过少或忽多忽少，根据水温、不同规格、不同季节天气和鱼体重量，及时调整投饵量，每次投完料后2h必须查料，在8～10月保持鱼的八成饱即可，喂得太饱容易导致发病，同时造成饲料浪费。发病季节、天气闷热、气压低或雷雨前后投饵量要减少或停喂。每天16：00～17：00检查吃食情况，如投喂的饲料全部吃完，第二天可适当增加或保持原投饵量，如吃不完第二天则需减量（表4-7）。

表4-7　各月份饵料投放比例表（%）

月份	6月	7月	8月	9月	10月	11月	12月	第二年1～3月	合计
比例	4	15	23	25	17	10	4	2	100

3）定位：就是要改变夏花培育时的投饵方式，将"两边三满塘"的投饵方式改变为定点投喂，每只池都应在安静向阳处设置专用的食台，每亩可设10个左右，每个食台0.5平方米即可，食台离岸1m，位于水下30～40cm。也可以训练鲫鱼上浮集中吃食。

4）定质：就是投喂的颗粒饵料质量要过关，投以高质量的配合饲料，各营养配比要合理，不投腐败变质的饲料，以免引起鱼病。

137

同时根据鱼类生长，配备适口的颗粒饵料，要能满足 1 龄鱼种培育的生长要求。

3. 加强水质管理

水质要做到"肥、活、嫩、爽"，前期每个星期加 20cm 水，直至加满。在高温季节，要勤换水，每 15 天换一次，每次换水量是池内水体的 1/3，换水后要进行水体消毒。在整个养殖期内水的透明度保持在 20～30cm 之间，保证水体光合作用，达到高溶氧性。有条件的备 1 个水博士测试计和 1 台增氧机。

4. 注意鱼种浮头

由于是高密度培育鱼种，池塘内的鲫鱼非常多，因此要特别注意防止鱼种浮头现象的发生。特别是 9～10 月，每天 2：00 后密切注意池塘情况，如果发现有浮头情况，立即开增氧机直到天亮，在阳光充足的情况下，中午开增氧机 1～2h 即可。保持水的高溶氧性，能降低饲料系数。

5. 加强对鱼种疾病的预防

从夏花下池塘开始，每 15 天定期内服和外用药各 1 次。每隔 10 天打捞 5～10 尾鱼送到鱼病检测处，检查鱼是否健康，如果发现鱼病，及时治疗。

六 池塘管理

鱼种池的日常管理工作除掌握四定投喂外，还包括以下 5 个方面。

1. 加强巡视

每日早晨和下午分别巡塘 1 次，观察水色和鱼的动态，看鱼是否浮头，掌握鱼的生长活动情况，以决定是否注水和第二日的投饵、施肥量。浮头时应立即加注新水和开增氧机。

2. 及时除杂

经常清除池边杂草和池中的草渣或腐败物、杂物，以保持池塘清洁。

3. 食场消毒

每 2～3 天清洗食台并进行食台、食场消毒，以保持池塘卫生。每 15 天用漂白粉或硫酸铜挂袋消毒 1 次（每亩用量为 250～500g）。

消毒时每个食台挂 2 个袋，每袋放药 50g。

4. 改善水质

视水质情况合理施肥，适时加注新水，改善水质。通常每月注水 2～3 次，水的肥度以透明度 20～30cm 为宜，以使水质保持"肥、活、嫩、爽"。

5. 定期检查

主要是检查鱼种的生长情况、在几个关键时段做好防洪、防逃、防破坏工作的检查，防治病害。同时也要做好日常管理的记录。

七 1 龄鱼种质量鉴别

1 龄鱼种的质量优劣可采用"六看、一抽样"的方法来鉴别。

1. 看出塘规格是否均匀

同一品种的鱼种，凡是同池出塘规格较均匀的，通常体质都比较健壮，是优质鱼种。那些个体规格不一，差距较大，往往群体成活率很低，属于劣质鱼种，尤其是那些个体小的鱼种，体质消瘦，俗称"瘪子"，更不宜选购。

2. 看体色

每一品种的鱼种都有自己的健康体色，因此，从鱼种体色可以判断鱼种质量的优劣。优质鱼种的体色是：青鱼青灰带白色，鱼体越健壮，体色越浅；草鱼鱼体呈浅金黄色，灰黑色网纹鳞片明显，鱼体越健壮，浅金黄色越显著；鲢鱼背部银灰色，两侧及腹部银白色；鳙鱼浅金黄色，鱼体黑色斑点不明显，鱼体越健壮，黑色斑点越不明显，金黄色越显著。如果体色较深或呈乌黑色的鱼种都是体质较差的鱼或病鱼，当然也就是劣质鱼种。

3. 看体表是否有光泽

健壮的鱼种体表有一薄层黏液，用以保护鳞片和皮肤，免受病菌侵入，故体表光滑，鲜明有光泽。而病弱受伤鱼种缺乏黏液，体表无光泽，俗称鱼体"出角""发毛"。某些病鱼体表黏液过多，也失去光泽。这些都是劣质鱼种，不宜选购。

4. 看鱼种游动情况

健壮的鱼种游动起来活泼，爱集群游动，逆水性强，受惊时迅速潜入水中。在网箱或活水船中等密集环境下，鱼种的头向下，尾朝上，只看到鱼尾在不断地煽动。倒入鱼盆活蹦乱跳，鳃盖紧闭，这些都是优质鱼种。否则就是劣质鱼种。

5. 看浮头情形

优质鱼种在轻微浮头时总是在池中央徘徊，白天在阳光照射后会大多潜在水面下活动。而劣质鱼种在浮头时总是贴近池塘埂游动，在增氧后也不轻易进入水底中。

6. 看体格健壮与否

优质的鱼种体质健壮、背部肌肉肥厚，尾柄肉质肥满，无病无伤，鳞片鳍条完整无损，摄食时争先恐后。反之则为劣质鱼种。

7. 抽样检查

用鱼种体长与体重之比来判断其质量好坏。具体做法是，称取规格相似的鱼种1kg，计算尾数，然后对照优质鱼种规格鉴别表。如果鱼种尾数小于或等于标准尾数，那么就是优质鱼种，如果鱼种尾数大于标准尾数则为劣质鱼种（表4-8）。

表4-8　优质鱼种规格鉴别表

鲢 鱼		鳙 鱼		草 鱼		青 鱼		鳊 鱼	
规格/cm	每千克尾数	规格/cm	每千克尾数	规格/cm	每千克尾数	规格/cm	每千克尾数	规格/cm	每千克尾数
16.67	22	16.67	20	19.67	11.6	14.00	32	13.33	40
16.33	24	16.33	22	19.33	12.2	16.67	40	13.00	42
16.00	26	16.00	24	19.00	12.6	13.33	50	12.67	46
15.67	28	15.67	26	17.67	16	13.00	58	12.33	58
15.33	30	15.33	28	17.33	18	12.00	64	12.00	70
15.00	32	15.00	30	16.33	22	11.67	66	11.67	76
14.67	34	14.67	32	15.00	30	10.67	92	11.33	82
14.33	36	14.33	34	14.67	32	10.33	96	11.00	88
14.00	38	14.00	36	14.33	34	10.00	104	10.67	96
13.67	40	13.67	38	14.00	36.8	9.67	112	10.33	106
13.33	44	13.33	42	13.67	40	9.33	120	10.00	120
13.00	48	13.00	44	13.33	48	9.00	130	9.67	130

（续）

鲢 鱼		鳙 鱼		草 鱼		青 鱼		鳊 鱼	
规格/cm	每千克尾数	规格/cm	每千克尾数	规格/cm	每千克尾数	规格/cm	每千克尾数	规格/cm	每千克尾数
12.67	54	12.67	46	13.00	52	8.67	142	9.33	142
12.33	60	12.33	52	12.67	58	8.33	150	9.00	168
12.00	64	12.00	58	12.33	60	8.00	156	8.67	228
11.67	70	11.67	64	12.00	66	7.67	170	8.33	238
11.33	74	11.33	70	11.67	70	7.33	186	8.0	244
11.00	82	11.00	76	11.33	80	7.00	200	7.67	256
10.67	88	10.67	82	11.00	84	6.67	210	7.33	288
10.33	96	10.33	92	10.67	92			7.00	320
10.00	104	10.00	98	10.33	100			6.67	350
9.67	110	9.67	104	10.00	108				
9.33	116	9.33	110	9.67	112				
9.00	124	9.00	118	9.33	124				
8.67	136	8.67	130	9.00	134				
8.33	150	8.33	144	8.67	144				
8.00	160	8.00	154	8.33	152				
7.67	172	7.67	166	8.00	160				
7.33	190	7.33	184	7.67	170				
7.00	204	7.00	200	7.33	190				
6.67	240	6.67	230	7.00	200				

八 并塘越冬

秋末冬初，水温降至10℃以下，鱼种基本上已经不摄食或很少摄食，这时就需要开始拉网、起捕，并塘越冬。

1. 并塘目的

当鱼种个体培育到一定大小时，就要及时并塘，通过并塘可以达到以下几个养殖目的。

① 将鱼种按不同种类和规格进行分类、计数，并按不同的鱼池囤养，有利于以后鱼种的运输和放养。

② 在培育鱼种时，池塘并不需要太深，而在冬季尤其是北方的冬季，这样浅的水位有可能冻伤鱼种，通过并塘后将鱼种囤养在较深的池塘中安全越冬，便于管理，不使鱼种落膘。

③ 通过并塘操作，能清理出池子里的所有鱼种，可以全面了解当年鱼种生产情况，从而总结经验，为下年度放养计划提供更好的参考。

④ 通过并塘，能将两三口鱼池里的鱼种归并到一个鱼池里，这样就能腾出鱼种池，并利用冬闲季节对池塘进行及时清整，为来年的生产做好准备工作。

2. 并塘操作

要选择好合适的塘口，应选择背风向阳、面积2~3亩、水深2m以上的鱼池作为并塘后的越冬池。通常规格以10~13cm的鱼种每亩可囤养5万~6万尾为宜。

⚠ 【注意】 在拉网并塘前，鱼种应停食3~5天。然后选择水温5~10℃的晴天中午拉网捕鱼、分类归并。在拉网、捕鱼、选鱼、运输等操作中应小心细致，避免鱼体受伤。

3. 并塘管理

在鱼种并塘后，要着重做好以下几点并塘管理工作：①及时增氧，尤其是在北方，冬季冰封季节长，应采取增氧措施，防止鱼种缺氧，主要措施是在冰面上打洞，遇到大雪天气时，要及时清扫积雪。②及时加注新水，不仅可以增加溶氧，而且可以提高水位，稳定水温，改善水质。③防止渗漏，加强越冬池的巡视，发现池埂有渗漏要及时修补。④越冬池的水质应保持一定的肥度，并及时做好投饵、施肥工作（北方冰封的越冬池在越冬前通常施无机肥料，南方通常施有机肥料）。一般每周投饵1~2次，保证越冬鱼种不落膘。

——第五章——

鱼苗、鱼种的运输

第一节　运输前的准备工作

做好运输前的准备，是提高运输成活率的基本保证。

一　制订周密的运输计划

根据运输数量、规格、种类和运输里程等情况，确定装运时间、装运密度、起运时间、到达时间、人力安排、运输工具、消毒药物、充氧设备、尼龙袋、鱼篓、包装箱、中途换水地点等，做到快装、快运，如果没有经验，运输之前要进行试验，以确定鱼苗、鱼种的运输密度。

二　准备好运输容器和运输工具

在运输前要检查交通工具、装运工具和操作工具是否完整齐全，如有损坏或不足，要修补或增添。

1. 运输容器

常用运输容器有塑料袋、尼龙袋、帆布鱼篓、塑料桶等。塑料袋价格低廉，充氧及扎口等也很方便，使用较多，尤其在空运时使用比较普遍。需要注意的是，对于寸片以上的鱼种，最好选择宽口塑料袋，便于装鱼和放鱼（图5-1）。

2. 运输工具

运输工具多为汽车、火车、飞机，也有的采用船运。对于小规格的鱼种，一般采用空运，而大规格的鱼种和成鱼，目前大多采用

图 5-1　尼龙袋装鱼苗

装运活鱼的运输车。汽车或火车长途运输时，要注意根据行车路线安排好换水、换气和中转休息的时间和地点。

三　缩短运输时间

根据路途远近和运输量大小，组织和安排具有一定管理技术的运输管理人员，做好起运和装卸的衔接工作，以及途中的管理工作，做到"人等鱼到"，尽量缩短运输时间。

四　做好运输前的苗种处理

1. 停食

活体运输前要进行暂养，排空鱼体腹中的粪便，同时除去死鱼苗，对提高途中运输成活率有很好的作用。苗种起运前要拉网锻炼 2～3 次。鱼苗、鱼种装箱前 1 天停止喂食，使其空腹运输。这是因为鱼在进食后新陈代谢增加，势必要消耗容器中更多的氧，且鱼的排泄物会污染容器中的水，使水质恶化，同时也增加了氧的消耗。

2. 囤养

鱼在装运前必须囤养 3～4h，一方面让鱼排净粪便，同时也能够排除许多黏液，使装鱼容器内的水体保持清爽；另一方面，鱼在囤养后，能更好地适应运输时的高密度环境。

> ⚠️ **【注意】** 起捕和装载时操作要轻柔、敏捷，尽量减少对鱼的刺激，力求避免损伤鱼体。此外，装鱼时可向容器内加少量青霉素片。

五 气候的选择

尽量选择早、晚或凉爽的天气装鱼和运输。若温度太高，可在包装箱内放置冰块降温运输。

第二节　鱼苗、仔鱼、夏花的运输方法和运输管理

由于鱼苗、仔鱼和夏花的供应集中在6~8月，一般处于最高温阶段，特别是鱼苗和仔鱼运输困难，成活率低，长途运输时风险更大，往往造成严重的经济损失，鱼苗、鱼种的成功运输已经成为水产产业化的重要保障。

一 鱼苗的尼龙袋充氧运输

目前广泛使用尼龙袋充氧后密封运输鱼苗，这种方式体积小，使用携带方便，装运密度大，成活率高，适用于各种交通工具。近距离的可以用自行车、摩托车甚至用肩挑，远途用汽车、火车或轮船载运，更远的可以用飞机（图5-2）。

图5-2　汽车运鱼苗

尼龙袋充氧密封运输适宜于装运鱼苗和 3cm 左右的夏花鱼种。近年来又利用一种特制的橡皮袋装运较大规格鱼种。如果运输时间超过 15~20h，那么鱼苗出齐眼点即可装运，也就是运输苗要嫩点；如果鱼苗腰点已经出齐，运输时间最好不要超过 4~8h，也就是下塘苗不要太老。

鱼苗是活货，运输打包过程稍有疏忽，其结果将会导致损失惨重，所以任何细节都不可忽视。

1. 检查每只塑料袋是否漏气

用嘴向塑料袋吹气是其中一个办法。此外较好的方法是将袋口敞开，由上往下一甩，迅速用手捏紧袋口，空气即已进入袋中，然后，另一手向袋加压，看鼓起的袋有无瘪掉，听有无漏气的声音，这样就不难判别塑料袋中否漏气了。

2. 科学套袋

在装鱼苗的袋子外面应该再套上一只袋用以加固。

3. 科学装氧

袋中充氧的步骤要注意先后。正确的方法应在装鱼前就把塑料袋放进泡沫箱或纸板箱试一下，看一看大约充氧到什么位置，然后再去放苗、充氧，充到一定程度就扎口，这样正好装入箱内。充氧要适中，一般以袋表面饱满有弹性为度，不能过于膨胀，以免温度升高或剧烈震动时破裂，特别是进行空运时，充气更不宜多，以防高空气压低而引起破裂。

4. 扎袋要紧

袋扎得紧不紧是漏气的关键，当氧气充足后，先要把里面一只袋离袋口 10cm 左右处紧紧扭转一下，并用橡皮筋或塑料带在扭转处扎紧，然后再把扭转处以上 10cm 那一段的中间部分再扭转几下折回，再用橡皮筋或塑料带将口扎紧。最后，再把外面一只塑料袋口用同样的方法分 2 次扎紧。

⚠️ **【注意】** 切不可把两袋口扎在一起，否则扎不紧，容易漏水、漏气。

5. 袋中放水量要适当

水温22℃时，一般鱼苗出膜的第3~4天即可运输。鱼苗装袋的整个操作过程一定要带水进行，常用的尼龙袋一般长70~80cm，宽35~40cm，容积约为20L，袋口突出约15cm，宽10cm，使用时将漏斗插入袋口，注入约1/3左右体积的水，袋中装水量过多，不仅会增加重量和运费，而且会相应地缩小氧气的体积，直接关系到鱼苗的成活率。装水过少，鱼的密度增大，也会造成死亡现象。

6. 运输密度

一般采用规格为30cm×30cm×40cm的尼龙袋装运，每袋盛水3~4L，放苗3万~8万尾，排掉袋内空气后立即充氧。

具体的装鱼密度应根据水温高低、苗种质量和运输时间来决定（表5-1）。

表5-1　尼龙袋充氧运输苗种密度

运输时间/h	装运密度	
	鱼苗/(万尾/袋)	夏花/(尾/袋)
10~15	15~18	4000~5000
15~20	10~12	2500~3000
20~25	7~8	1500~2000
25~30	5~6	800~1000

7. 运输及注意要点

水温20~24℃时，可以运输15~24h，成活率都较高。鱼苗运输在安排好时间和密度后，特别要注意：①尼龙袋水中不混有水生生物，尤其水生动物；②要求鱼苗运输过程中尽量避免较强震动颠簸；③要防止水温变化过大过快；④准备几个空袋并充氧气，运输途中应经常检查有无漏气漏水的地方，如有发生，要及时进行粘补或更换新袋。

二 仔鱼的尼龙袋充氧运输

仔鱼又叫乌仔，是指繁殖好的鱼苗经过15天生长发育后的称呼，一般体长在2cm左右。

仔鱼运输的装包技术和鱼苗的要求是一样的，但是它的运输密度要比鱼苗小得多，运输全长 2cm 左右的乌仔时，每立方米水体可装 2 万～3 万尾。仔鱼的运输密度与运输的距离、时间、季节、水温、品种、大小等方面均相关。运输距离和时间的长短能直接影响到仔鱼在运输中的成活率。一般 1～2h 到达目的地的称为短途运输，在 24h 以上才能到达目的地的称为长途运输。而运输距离和时间与运输密度成反比。运输距离和时间越长，密度越稀。运输距离和时间若较短，可根据气温、大小适当增加密度。

> ➡ 【提示】 运到目的地后要注意放苗技术。要使袋中的水温与放养水体水温平衡后再放苗。如果远距离运输，还必须使袋中的水质与放养水体的水质相一致，即将放养水体中的水逐步加入袋中，当袋中的水大部分是放养水体中的水并让鱼苗适应一段时间后，再缓缓将苗放出。如不按上述操作规程处理，会造成苗种损失，严重的会引起大量死亡。

三 仔鱼的其他运输方式

在不具备充氧条件或苗种规格较大时，利用农船、帆布篓等敞开容器运输。

使用船舱，或缸、桶、帆布篓置于船上水运。为便于换水，运鱼时要随带出水、巴箩或塑料桶等用具。装运时先向容器内加入温差不超过 2℃ 的清水，加到 70%～80%。然后放入苗种，一般每立方水体可装运 1.3～1.5cm 的鱼苗 20 万～25 万尾。6cm 左右的鱼种 30～40kg。例如在水温 20℃ 时 3.5 吨的木船可装运 6cm 左右冬片鱼种 3 万尾，经 1.5h 的运程，成活率可达 95%。

利用帆布篓用车运的运输能力较大，在可通行汽车的地方，可用这种方法。容器有帆布篓、帆布长箱等，用拖拉机运输，篓或箱以木、竹料做支架；汽车运输可用直径 7～8cm 的毛竹做横支承。装运时，容器内加水量为 60%～70%。每辆汽车可装帆布篓 4～10 只。装运密度如途中换水可与农船运输量相同，否则要少装 20%～30%。拖拉机速度慢，震动颠簸大，故装水量和装鱼密度要比汽车减少

20%～30%。例如在水温22℃时，每只篓（80cm×60cm×100cm）装6.7cm的冬片鱼种5000尾，共计34kg，经4h运输，途中换2次水，成活率可达90%以上。

> 【提示】 为了提高苗种运输成活率和增加装运密度，车、船运输中，随带氧气瓶直接充入氧气，充氧或充气时需用橡皮管连接砂滤芯棒，置于容器中，距底约5cm左右。气量以不翻大气泡为好。

四 夏花的运输

1. 捕捞装运时间

夏花运输的捕捞时间一般在早晨或傍晚，主要考虑捕捞夏花时的水温要较低。夏天高温，为了赶飞机进行空运，可以在前一天傍晚把鱼苗捕捞出放在苗箱中冲水，到第二天早晨装运。

2. 装运密度

夏花冲水时间要充分，具体看运输情况。短途运输，一般要冲水2h以上；长途运输，冲水时间可以在5～15h。夏花的捕捞及打包一般进行带水操作更好。夏花运输一般以尼龙袋充氧，尼龙袋规格为30cm×30cm×40cm，水温25～30℃，每袋可以装1500～3000尾，运输时间可以为21～18h。

3. 注意事项

由于夏花比较稚嫩，若在运输环节上操作不细，进箱后往往造成大批死亡，成活率低，损失严重。所以在夏花的起捕、运输、装箱的全部操作过程中既要快，又要精心呵护，尽量减少鱼体碰伤。

用帆布篓运输，篓内要衬尼龙衬箱，以减少摩擦。到达后以便提起衬箱向网箱传送。一般10kg水装鱼0.5kg比较安全。如果有增氧设备，以活鱼车运输，密度可加大到10kg水装鱼2.5kg，若以尼龙袋充氧运输，也可以是10kg水装2.5kg鱼，尼龙袋运输可以进行长途、长时间保活。

⚠️ **【注意】** 夏花鱼种入箱前一定要进行严格消毒。在运输快到达目的地之前的 20～30min，可将消毒液放入帆布篓或活鱼车内，一般用 10/10000～15/10000 的溴氰菊酯进行消毒，或 3% 的食盐，但事先一定要计算好容器中水的容量和精确的用药量，先溶化好后，慢慢倒入运输容器中。这样可以节省时间，运到后便可立即入网箱。

➡️ **【提示】** 夏花入箱时要注意运输用水与网箱所布水域温差不能太大，一般 3℃ 左右。如果温差太大，要逐渐调温，直到温差低于 3℃ 以后，才能入箱。入箱夏花一定是健壮、规格整齐的，要一次放足。

第三节 鱼种的运输方法和运输管理

根据交通条件和鱼种的生长阶段选择适宜的运输方法。一般距离近或丘陵山区、交通不便的地方用肩挑；路远用汽车、火车或飞机等运输；水路方便的可用活水船或大型客货船运输。

一 鱼种的捕捞时间

鱼种的运输规格在 5cm 以上，捕捞时间一般在 11 月～第二年 4 月的温暖晴朗的天气，主要考虑捕捞的水体是否有结冰，如结冰必须把冰捞去。鱼种在运输前至少要进行 2 次拉网锻炼，需停食 2 天，鱼种冲水时间一般要 3h 以上。打包也可以离水操作，但是一般进行带水操作更好，主要为了防止擦伤鱼体，产生水霉。

二 短距离的活鱼运输

一般由农村或城郊运往城市，路途不远，可用汽车、拖拉机、马车运输。车上用钢制或木制的撑架，帆布固定于其上，有圆形和方形的两种，容积一般为 0.5～0.8m³。若用 4 吨的解放牌汽车可装篓 6～8 个，一般每篓能装水 250～400kg。也可以将大苦布四边吊起装运，或使用活鱼运输箱及活鱼运输车。运鱼的适宜水温以 6～15℃

较好，可用井水或加冰降温。注意温差不能超过5℃，帆布篓可装活鱼50～75kg，若篓内套上大尼龙袋密封充氧，可多装鱼20～40kg，一般存活率能达到90%以上。

三 肩挑运输

肩挑运输适用于运输距离较近、运输量不大和交通不便的丘陵山区。这种方法工具简便，成本低，但劳动强度大。一般用竹篓（鱼篓子内部要光滑，如放尼龙内衬，防止擦伤鱼体，同时要亚密封式，防止鱼种掼出）或用木桶装鱼。桶中装水2/3，不能太满以免泼出。

每担装水量在25～40kg，在18℃时可装运全长为10cm左右的鱼种150～300尾，或者运全长为12～15cm的鱼种100～150尾。挑运要随着走路使桶（篓）水略有颠动，以增加氧量。担桶上面应有竹丝编成的盖，防止鱼被荡出，路途中应及时换水，盖子最好能固定。有充氧条件的地区，可选用尼龙袋或塑料桶，充氧后用自行车运载或肩挑，可大大降低劳动强度，提高成活率。

四 塑料桶充气密封运输

塑料桶充气密封运输是尼龙袋充氧运输的一种改进，它的优点是不易破损，不需包装，不需第二次加气，装卸方便，可重叠堆放，占地面积小，使用简便，特别适用于道路崎岖不平、运输途中颠簸剧烈的地区。

塑料桶用白色高压聚乙烯吹塑而成，一般长60cm、宽40cm、高12cm，软质盒状，形似加仑桶，容积约30L，盒的上端有两个提手便于搬运，有一个直径5cm的进出水口及一个直径2.5cm的注排气孔，孔内装有止逆气门，进出口及注排气孔均有掀压式内塞和螺栓外盖。使用时装水15L，可运输体长5cm的鱼种1000～1500尾，充气10～12L，运载时间不超过24h，成活率可达95%以上。

五 帆布箱（袋）运输

帆布箱（袋）运输的优点是，可以在运输途中进行换水和喂食，适用于运程较远、运时较长和大规格鱼种的运输。利用帆布箱进行鱼种运输时，运输的工具可利用汽车、大型客货轮、火车等。容量一般在 0.5~2.0m³，该类型工具在运输时若放在汽车或拖拉机上时，装水量应控制在容量的 50% 左右，若放在船上则可掌握在 70% 左右。

用帆布箱（袋）进行运输之前，要检查帆布箱（袋）有无破漏。检查好后，装入 2/3 的清水，随即装入已过数的鱼种，再在帆布箱（袋）上盖上一层网片，防止在运输途中因颠簸使鱼种溢出和跳出。在运输途中要有专人管理，勤加观察，如果发现鱼种浮头，则采用击水板击水、加水、换水、充气等方法补充帆布箱（袋）中的溶氧。目前有的地方采用过氧化氢（H_2O_2）增氧的办法，效果也很好。其方法是每立方米水体加过氧化氢 50mL，先将过氧化氢倒入搪瓷盆内加清水稀释，然后缓缓均匀倒入鱼桶内，切勿倒入过猛和直接泼到鱼体上。过氧化氢不仅可以增加氧气，而且还可以迅速氧化水中的污物，改善水质。

在帆布箱（袋）内，可加一个大小形状与帆布箱（袋）相同，用鱼种网片制成的衬网，在衬网口的四边和四角，各用一条绳子系在帆布中防止因车子颠簸，衬网网片浮起损伤鱼种。待到达目的地卸鱼时，将衬网提起，即可将鱼种捞出。帆布桶运输鱼种密度，见表 5-2。

表 5-2   帆布桶运输鱼种密度

规　　格	相当长度/cm	草鱼/万尾	鲢、鳙鱼/万尾	鲮鱼/万尾
海花	—	50~55	50~55	60~70
三朝	0.8~1	30~35	30~35	40~45
四朝	4	20~25	20~25	25~30
五朝	1.7	10~15	10~15	15~20
六朝	2	8~10	8~10	9~10
七朝	2.4	4~6	4~6	4~6
八朝	2.7~3	2.5~3.0	2.0~2.5	2~2.5
九朝	3.3~4.3	2.0~2.2	1.8~2.0	—
十朝	5~5.7	1.5~1.6	1.2~1.5	—
十一朝	6~7.6	1.0~1.1	0.8~1.0	—
十二朝	8~9.6	0.6~0.7	0.5~0.6	—
3寸	10	0.5	0.3~0.4	—

六　塑料袋运输

在运输鱼种时，结合塑料桶和尼龙袋充氧运输的优势，一些养殖户在此基础上开发了塑料袋运输鱼种的技巧，其装袋和管理基本上与前者相似，只是放养密度有一定差异。

不同规格的鱼种，其放养密度是有一定差异的，表5-3为鱼苗鱼种长途运输密度表，仅供参考，本表中的塑料袋规格为95cm×50cm。

表5-3　塑料袋鱼苗鱼种长途运输密度表

鱼 的 规 格	运 输 密 度	最 高 密 度
2～3cm	800尾左右	不超过900尾
4～5cm	300尾左右	不超过400尾
5～6cm	250尾左右	不超过350尾
7～8cm	200尾左右	不超过250尾
9～10cm	100尾左右	不超过120尾
11～12cm	25尾左右	不超过35尾
13～14cm	20尾左右	不超过25尾
15～16cm	15尾左右	不超过20尾
17～20cm	10尾左右	不超过12尾
20cm以上	6尾左右	不超过8尾

七　活水船运输

在水运方便、水质良好的地区，用活水船运输鱼种是最理想的方法。长短途均可，运输量大、成活率高、成本低。

活水船就是在船舱前部和左右两侧开孔，孔上装有绢纱；船在河中前进时，河水从前孔流入舱内，再从侧孔排出，使舱中水始终保持新鲜，氧气充足。由于其水体不断地交换，装运鱼的密度较帆布箱要大得多，长约5m的舱，可装8cm鱼种40万～60万尾，或成鱼4万～8万尾。

> ● **【提示】**　鱼种刚下船时需要摇动船头，要摇得快，并用捞子柄在船舱里划动，等鱼种全部恢复正常才可放慢速度。在途中，即使晚上也不停船。若时间较长要采取送气和击水增氧。注意调节进出水的大小，以防船头下沉或活水舱水流过急。通过污水区时，塞住进、出水口，防止污水进入舱内，并快速通过污水地段。

第六章
池塘养殖成鱼

池塘成鱼养殖也就是食用鱼养殖，这是因为成鱼养殖出来的最主要目的就是供人们食用。成鱼养殖不仅要求稳产高产，获得产量来满足市场的需求，而且还要求成鱼的质量好，出塘规格符合消费者的需要，尤其是一些名优鱼要能占领市场，并能常年有活鱼供应，更要求以较少的人力、物力、财力获得较多的鱼产品，从而提高养鱼的经济效益。

第一节　池塘建设

一　池塘条件

良好的池塘条件是高产、优质、高效生产的关键之一。池塘是鱼类的生活场所，是养殖鱼栖息、生长、繁殖的环境，许多增产措施都是通过池塘水环境作用于鱼类，故池塘环境条件的优劣，对鱼类的生存、生长和发育都有影响，直接关系到鱼产量的高低。

饲养食用鱼的池塘条件包括池塘位置、水源和水质、面积、水深、土质及池塘形状与周围环境等。在可能的条件下，应采取措施，改造池塘，创造适宜的环境条件以提高池塘鱼产量。

目前我国对高产、稳产鱼池的要求有以下几个方面。

1. 位置

鱼类品种不同，对池塘条件要求不一样，一般养殖四大家鱼的池塘或农村的小水塘、沟渠都可以养殖大部分鱼类品种。但是为了取得高产和较高的经济效益，还是要选择水源充足、注排水方便、水质良好无污染、交通方便的地方建造鱼池，这样既有利于注排水，也方便鱼种、饲料和成鱼的运输与销售。

2. 水质

池塘养鱼要有充足的水源和良好的水质，以便于经常加注新水。水源以无污染的江河、湖泊、水库水最好，也可以用自备机井提供水源，确保注排水方便。水源充足就可以在天旱、水中缺氧或水质被污染时及时采取加水或换水措施。水质要满足渔业用水标准，无毒副作用。良好的水质要求溶氧高、酸碱度适中、不含有毒物质。工厂和矿山排出的废水，往往含有对鱼类有害的物质，只有经过检测和试养，才能作为养鱼用水。

3. 面积（彩图 6-1）

鱼塘的大小与鱼产量的高低有非常密切的关系。俗话说，"塘宽水深养大鱼"，饲养食用鱼的池塘面积应较大，这是因为水体越大，鱼的活动范围越广，越接近自然环境，水质变化越小，不易突变，因此鱼谚有"宽水养大鱼"的说法；反之，水质变化大，容易恶化，对鱼类生产不利。高产养鱼池塘的养殖面积一般在 10 亩左右为最佳，最大不超过 30 亩，高产池塘要求配备 1~2 台 1.5kW 的叶轮式增氧机。这样大小的成鱼饲养池既可以给鱼提供相当大的活动空间，也可以稳定水质，不容易发生突变，更重要的是表层和底层水能借风力作用不断地进行对流，使池塘上下水层混合，改善下层水的溶氧条件。如果面积过小，水环境会不太稳定，并且占用堤埂多，相对缩小了水面。如果面积过大，投喂饵料不易照顾全面，导致吃食不匀，水质也不易控制，且夏季捕鱼时，一网起捕过多，分拣费时，操作困难，稍一疏忽，容易造成死鱼事故影响成鱼的整体规格和效益。

4. 水深

池塘精养方式对池塘的容量是有一定要求的。"一寸水，一寸鱼"讲的就是深水养大鱼的道理，但也不是越深越好，根据生产实践的经验，成鱼饲养池的水深应在 1.5~2m，有的品种还要求精养鱼池常年水位保持在 2.0~2.5m。这是因为这种水深的池塘容积较大，水温波动小，水质容易稳定，可以增加放养量，提高产量。但是池水也不宜过深，如果把山谷型水库改造成为精养鱼塘就不合适，这是因为这种池塘的水位一般都在4m左右，深层水中光照度很弱，光合作用产生的溶氧量很少，浮游生物也少。

5. 注排水道。

一般高产的鱼塘，都应当有独立的注排水道，才能做到及时注水和排水，以便调节和控制水质，促进鱼类生长和保证鱼类安全。在水源充足的条件下，还可以实行流水养殖，以增加单位放养量，达到高产稳产的目的。

6. 土质

一般鱼塘多半是挖土建筑而成的，土壤与水直接接触，对水质的影响很大。土质要求具有较好的保水、保肥、保温能力，还要有利于浮游生物的培育和增殖，根据生产的经验，饲养鲤科鱼类池塘的土质以壤土最好，黏土次之，沙土最劣。黏土鱼塘，虽然保水性好，但容易板结，通气性差，容易造成水中溶氧不足；沙土鱼塘，由于渗水性大，不仅不能保水，水质难肥，而且容易崩塌。池底淤泥的厚度应在10cm以下。池底还应挖2~3条深沟，便于干塘时捕捞。

7. 池塘形状和周围环境

鱼塘的形状要整齐，一般以长方形为宜，长与宽之比为（2~4）∶1，东西边为长，南北边为宽，宽的一边最好不超过50m，这样的池塘，可接受较多的阳光和风力，也便于操作和管理。周围最好不要有高大的树木和其他的建筑物，以免遮光、挡风和妨碍操作。堤埂较高、较宽，大水不淹，天旱

图6-1　养鱼的池塘

不漏，旱涝保收，并有一定的青饲料种植面积（图6-1）。

8. 池底类型

鱼池池底一般有3种类型，即"锅底型""倾斜型"和"龟背

型"。其中"倾斜型"或"龟背型"较好，池塘饲养管理方便，尤其是排水捕鱼十分方便，运鱼距离短。

二 池塘改造

如果鱼池达不到上述要求，就应加以改造。改造池塘时应按以下标准要求，小塘改大塘、浅塘改深塘、死水改活水、低埂改高埂、狭埂改宽埂（图6-2）。

1. 改小塘为大塘

把过去遗留下来不规划的小、浅鱼塘，合并扩大，提高鱼塘生产力，发挥更大的经济效益。

2. 改浅塘为深塘

把原来的浅水塘、淤积塘，挖深、清淤，保证鱼塘的深度和环境卫生。

图6-2 池塘改造

3. 改漏水塘为保水塘

有些鱼塘常年漏水不止，这主要是因为土质不良或堤基过于单薄。砂质过重的土壤不宜建鱼堤。如建塘后发现有轻度漏水现象，应采取塘底改土并加宽加固堤基，在条件许可的情况下，最好在塘周砌砖石或水泥护堤。

4. 改死水塘为活水塘

鱼塘水流不通，不仅影响产量，而且生产有很大的危险性，容易引起鱼类的严重浮头、浮塘和发病，一旦发生问题，也无法及时采取"救鱼"措施。因此对这样的鱼塘，必须尽一切可能改善排灌条件，如开挖水渠、铺设水管等，做到能排能灌，才能获得高产。

5. 改瘦塘为肥塘

鱼塘在进行上述改造后，就为提高生产力，夺取高产奠定了基础。有了相当大的水体，又能排灌自如，使水体充分交换。但如果没有足够的饲、肥供给，塘水不能保持适当的肥度，同样不能收到应有的经济效果。

因此，我们应通过多种途径，解决饲、肥料来源，逐渐使塘水转肥。

三 池塘的清整

对于那些多年用于养鱼的池塘，底部沉积了大量淤泥，一般每年沉积 10cm 左右，加上池埂长期受到水中波浪冲击和浸洗，一般都有不同程度的崩塌。清整鱼池一般每年进行 1 次，以冬季为宜。

清整池塘，就是要将池水排干，清除池内过多淤泥（图 6-3），减少病菌和寄生虫的数量。具体方法有：将池塘底部推平，将池底周围的淤泥挖起来放在堤埂和堤埂的斜坡上，待稍干时贴在堤埂斜坡上，拍打紧实，保证池壁平滑贴实，有利于拉网、投喂；及时填好漏洞和裂缝，清除池底和池边杂草，有利于池塘的肥水；将多余的塘泥清上池埂。富含营养物质的塘泥为青饲料的种植提供肥料，这样既能改善池塘条件，增大蓄水量，又能为青饲料的种植提供优质肥料，也由于草根的固泥护坡作用，减轻了池坡和堤埂的崩塌。

四 池塘清塘

所谓清塘，就是在池塘内施用药物杀灭影响鱼苗生存、生长的各种生物，以保障鱼苗不受敌害、病害的侵袭。药物消毒一般在鱼苗下塘前 7～10 天的晴天中午进行。

1. 生石灰清塘

生石灰清塘有干法清塘和湿法清塘两种方法，所使用的剂量也有一定区别。根据经验，采用干法清塘方式较好。

（1）干法清塘 生石灰的用量为 50～75kg/亩，池塘保留 10cm 深的水，在池底挖若干小坑，将块状石灰倒入坑内，注水溶化成石灰浆水，然后趁热将其均匀泼洒全池，再将石灰浆水与泥浆混合搅匀，以增强效果，次日注入新水（图 6-4）。

图 6-3　需要清整的淤泥

图 6-4　生石灰消毒清塘

（2）**湿法清塘**　生石灰的用量为 130～150kg/亩，保持水深 1m，将生石灰溶化，用船全池泼洒（图6-5）。

图6-5　生石灰带水消毒

无论是干法清塘还是湿法清塘，都有清除病原菌、杀灭有害生物、增加钙肥、减少疾病的作用，还有澄清池水，增加池底通气条件，稳定水中酸碱度和改良土壤的作用。生石灰的毒性在 7～10 天后消失。

⚠ 【注意】　在使用生石灰时要注意两点，一是生石灰需现购现用，不宜久存；二是用量要准确。

2. 漂白粉清塘

还有一种常见的有效消毒方式是用漂白粉进行清塘消毒，漂白粉清塘也分为干法清塘和湿法清塘两种。干法清塘保持水深 30cm，用量 4～5kg/亩；湿法清塘水深 1m，用量为 12～15kg/亩。将漂白粉放入木桶或瓷盆内加水溶解，然后顺风均匀泼洒全池。漂白粉有杀灭杂鱼、致病菌和其他有害生物的作用。毒性约在 5～7 天后消失。

⚠ 【注意】　应将漂白粉密封保存，防止受潮变质。

3. 生石灰与漂白粉混合清塘

水深 1m 时，每亩池塘用生石灰 65～80kg 和漂白粉 6.5kg，将漂白粉放入木桶或瓷盆内加水溶解，然后均匀泼洒，生石灰溶化均匀泼洒全池，7～10 天后药性消失（彩图6-2）。

4. 茶粕清塘

水深 1m 时，用量为 40～50kg/亩。先将茶粕捣碎，浸泡 1 天，选择晴天加水稀释后带渣全池泼洒。茶粕能杀灭杂鱼等，并能肥水，但不能杀死病菌。10 天后药性消失。

> ⚠️ **【注意】** 茶粕小块必须泡开，以免沉底后造成以后死鱼；不使用变质茶粕。

5. 生石灰和茶粕混合清塘

水深 0.66m 时，每亩池塘用生石灰 50kg 和茶粕 30kg。先将茶粕捣碎浸泡好，然后混入生石灰中，生石灰吸水溶化后，再全池泼洒，可杀灭杂鱼、病菌等有害生物，增加钙肥。10 天后药性消失。

6. 鱼藤精清塘

水深 1m 时，用量为 700mL/亩的 7.5% 鱼藤精原液。将原液加水稀释后全池泼洒，能杀灭杂鱼等，并能肥水，但不能杀死病菌。7 天后药性消失。

> ➡️ **【提示】** 由于鱼藤精对人畜有害，所以在使用时要注意安全。

7. 巴豆清塘

水深 30cm 时，用量为 1.5~2.5kg/亩。把巴豆磨细，用 30% 的盐水浸泡 2~3 天，再用水稀释后连渣全池泼洒，能杀灭杂鱼等，并能肥水，但不能杀死病菌。7 天后药性消失。

> ➡️ **【提示】** 由于巴豆对人畜也有害，所以在使用时要注意安全。

8. 碳酸钠清塘

也就是用碱粉清塘，通常是在干池时使用，用量为 7.5g/m³，碱粉化水，加水稀释后泼洒，使池水呈微碱性，可杀灭杂鱼和杂藻，同时有防出血病的作用。

> ⚠️ **【注意】** 碱粉不能和酸性药物同时使用。

9. 氨水清塘

通常是在干池时使用，用量为 12.5kg/亩，氨水含氮 12.5%~

20%。将氨水加水稀释后，均匀泼洒，使池水呈微碱性。氨水有杀菌、虫及有害生物的作用，但不能杀死螺蛳。

⚠ **【注意】** 氨水宜现配现用，不可久放，时间一久容易挥发使效果降低。

➡ **【提示】** 清整好的池塘，注入新水时应采用密网过滤，防止野杂鱼进入池内，待药效消失后，方可放入鱼种。

第二节　鱼种的选择与放养

优良鱼种是食用鱼高产的前提条件之一。优良的鱼种在饲养中适应能力强，成长速度快，抵抗疾病的能力强，成活率高。

一 鱼种规格

在食用鱼的养殖中，通常会根据食用鱼的目标产量来确定鱼种投放的规格和数量，也就是说鱼种的规格大小是根据食用鱼池放养的要求所确定的。

鱼种规格的大小，直接影响到池塘养殖的产量。放养大规格鱼种是提高池塘鱼产量的一项重要措施。鱼种放养的规格大，相对成活率就高，鱼体增重大，能够提高单位面积产量和增大成鱼出池规格（彩图6-3）。

二 鱼种来源

池塘养鱼所需的鱼种，主要应由养鱼单位自己培育，就地供应。这样既可以做到有计划地生产鱼种，在种类、质量、数量和规格上满足放养的需要，也降低了成本，又可以避免因长途运输鱼种而造成鱼体伤亡，或者放养后发生鱼病，导致鱼病的传播蔓延，降低成活率。

生产鱼种有以下几个途径：

1. 鱼种池专池培育

专池培育鱼种是解决鱼种的主要途径，但由于近几年来人们不断提高食用鱼饲养池的放养密度，单靠专池培育鱼种已无法适应食用鱼饲养池放养的需要。专池培育的 1 龄鱼种，其重量占本池总放养鱼种重量的 40%～70%。

2. 食用鱼饲养池套养鱼种

食用鱼饲养池套养鱼种，是解决成鱼高产和大规格鱼种供应不足之间矛盾的一种较好的方法，不仅能节约鱼种培育池面积，能培养出第二年放养的大规格鱼种，而且可以充分挖掘食用鱼饲养池的生产潜力，并能提高鱼种规格、节约劳力和资金，故这种饲养方式又称"接力式"饲养。

> ➡ **【提示】** 成鱼池套养鱼种有以下优点：①挖掘了成鱼的生产潜力，采用在成鱼池中套养鱼种，每年只需在成鱼池中增放一定数量的小规格鱼种或夏花，当年年底在成鱼池中就可以培养出一大批大规格鱼种。②淘汰 2 龄鱼种池，扩大了成鱼池面积。③提高了 2 龄青鱼和 2 龄草鱼鱼种的成活率。④节约了大量鱼种池，节省了劳力和资金。

在食用鱼饲养池中套养鱼种，主要是以饲养鲢、鳙、鲂及草鱼为主，套养鱼种占本塘放养鱼种总重量的 8%～10%。一般每亩放 8.3～10cm 大规格鲢鱼夏花 1000～1200 尾；鳙鱼每亩放 600～750 尾，鲢、鳙鱼成活率可达 85% 以上；1 龄草鱼和青鱼种的全长必须达到 13cm 以上；团头鲂鱼种全长必须达到 10cm 以上。

在饲养管理上，尤其是对套养的鱼种，应在摄食方面给予特殊照顾。比如用增加鱼种适口饵料的供应量、开辟鱼种食场、先投颗粒饲料喂大鱼后投粉状饲料喂小鱼等方法促进套养鱼种的生长。

在食用鱼饲养池中套养鱼种，江苏无锡河埒乡在这方面工作做得最好，其鱼种套养模式，见表6-1。

3. 食用鱼饲养池中留塘鱼种

食用鱼饲养池由于高密度饲养，出塘时有 90% 以上的养殖鱼类达到上市商品规格，有 10% 左右的鱼转入第二年养殖。这部分留塘鱼种，第二年可提前轮捕上市，这既繁荣了市场，又能增加收入、提高经济效益，是食用鱼养殖放养模式中不可缺少的部分。

表6-1 江苏无锡河埒乡鱼种套养模式

鱼类	套养数量与规格	套养时间	成活率（%）	养成鱼种数量和规格	说 明
草鱼	60~70尾 0.5~0.8kg/尾	年初一次放足	95	4kg/尾以上	捕热水鱼季节3.5kg以上即可上市
	70~80尾 0.15~0.25kg/尾		90	60~70尾 0.5~0.8kg/尾	
	90~100尾 20~30g/尾		80	70~80尾 0.15~0.25kg/尾	
青鱼	35~40尾 1~1.5kg/尾	年初一次放足	95	2kg/尾以上	捕热水鱼季节1.5kg以上即可上市
	35~40尾 0.25~0.5kg/尾		90	35~40尾 1~1.5kg/尾	
	80~100尾 20~30g/尾		50	40~50尾 0.25~0.5kg/尾	
团头鲂	200~250尾 150~200g/尾	大、中规格年初放养，小规格6月放养	90	0.35~0.4kg/尾以上	捕热水鱼季节0.35kg以上即可上市
	250~350尾 25~35g/尾		80	200~250尾 150~200g/尾	
	500~600尾 3~5g/尾		50	250~300尾 150~200g/尾	
鲢鱼鳙鱼	300~350尾 0.35~0.45kg/尾	大、中规格年初放养，小规格7月放养	95	1kg/尾以上	鳙鱼放养量占1/3~1/4
	350~400尾 50~100g/尾		90	300~350尾 0.35~0.45kg/尾	
	800尾 夏花		50~60	400~480尾 50~100g/尾	
鲫鱼	1000尾 30~100g/尾	年初放养	80~90	150~250g/尾以上	热水鱼150g以上
	1000尾 夏花	6月放养	50	500尾 50~100g/尾	

三 鱼种放养

1. 放养前的培肥

鱼种下塘时，水体应有一定的肥度，即有一定量的饵料生物，尤其是小规格鱼种下塘时，它们的食性在一定程度上还依赖于水体的活饵料。

2. 放养密度

放养密度通常包括所有鱼种的总放养量和每种鱼的放养量。

在能养成商品规格的成鱼或能达到预期规格鱼种的前提下，可以达到最高鱼产量的放养密度，即为合理的放养密度。在一定的范围内，只要饵料充足，水源水质条件良好，管理得当，放养密度越大，产量越高。故合理密养是池塘养鱼高产的重要措施之一。只有在混养基础上，密养才能充分发挥池塘和饵料的生产潜力。在池塘里养殖成鱼，放养密度与池塘条件、鱼的种类与规格、饵料供应和水质管理措施等有着密切关系。

（1）密度加大、产量提高的物质基础是饵料 对主要摄食投喂饵料的鱼类，密度越大，投喂饵料越多，则产量越高。所以对于饵料来源容易的池塘，则多放养，反之则少放养。

（2）限制放养密度无限提高的因素是水质 在一定密度范围内，放养量越高，净产量越高。超出一定范围，尽管饵料供应充足，也难以收到增产效果，甚至还会产生不良结果。其主要原因是水质限制，这些水质的限制因素包括溶氧量、有机物质含量、还原性物质含量、有毒物质含量等。因此凡水源充足、水质良好、进排水方便的池塘，放养密度可适当增加，配备有增氧机的池塘可比无增氧机的池塘多放。

（3）池塘条件与放养密度也存在关系 总的来说，鱼池的蓄水能力好、排灌水方便、池埂完好等，就可以增加放养密度，反之则要降低密度。

（4）鱼种的种类和规格与放养密度的关系 首先是鱼种要有层次感，也就是上中下层鱼类都要有，不要集中在某一水层。其次是大规格的苗种要少放，小规格的苗种要多放。在正常养殖情况下，每亩放养 8~10cm 的鱼种 1000~1500 尾，饲养 5 个月，每尾可达 1500g，一般每亩产 1500kg，高的可达到每亩 2000kg。在北方地区适宜放养规格为 100~150g 的大规格鱼种，以确保当年成鱼规格达到 1500g 左右。

（5）饲养管理措施与放养密度的关系 毫无疑问，饲养管理措施与放养密度之间有着密不可分的关系，管理水平高的池塘，密度可以加大，反之则要降低密度。

（6）预期鱼产量与放养密度的关系 在池塘条件和其他饲养措施相似的情况下，在一定密度范围内，放养密度与鱼产量呈正相关，与出塘规格呈负相关。根据资料统计结果，在每亩放养鱼种 36.9~323kg 的范围内，密度越大，鱼产量越高，而增重倍数随密度的增大而减少。

3. 放养时间

提早放养鱼种是争取高产的措施之一。长江流域一般在春节前放养完毕，东北和华北地区可在解冻后，水温稳定在 5~6℃时放养。近年来，北方条件好的池塘已将春天放养改为秋天放养，鱼种成活率明显提高。

> ➡ **【提示】** 鱼种放养必须在晴天进行。严寒和风雪天气不能放养，以免鱼种在捕捞和运输途中冻伤。

4. 鱼种放养的注意事项

①下塘的鱼种规格要整齐，否则会造成鱼种生长速度不一致，大小差别较大；②下塘时间应当选在池塘浮游生物数量较多的时候；③下池前要对鱼体进行药物浸洗消毒（水温在 18~25℃时，用 10~15g/m³ 的高锰酸钾溶液浸洗鱼体 15~25min），杀灭鱼体表的细菌和

寄生虫，预防鱼种下池后被病害感染；④下塘前要试水，两者的温差不要超过2℃，温差过大时，要调整温差；⑤下塘时间最好选在晴天，阴天和刮风下雨时不宜放养；⑥搬运时的操作要轻，避免碰伤鱼体；⑦使用的工具要光滑，尽量避免使鱼体受伤。

第三节　池塘混养

池塘混养是我国池塘养鱼的特色，也是提高池塘鱼产量的重要措施之一。混养不是简单地把几种鱼混在一个池塘中，也不是一种鱼的密养，而是多种鱼、多规格（包括同种不同年龄）的高密度混养。

一　混养的优点

混养是根据鱼类的生物学特点（栖息习性、食性、生活习性等），充分运用它们相互有利的一面，尽可能地限制和缩小它们有矛盾的一面，让不同种类和同种异龄鱼类在同一空间和时间内一起生活和生长，从而发挥"水、种、饵"的生产潜力。混养的优点如下：第一，可以合理和充分利用饵料和水体；第二，能够发挥养殖鱼类之间的互利作用，获得食用鱼和鱼种双丰收；第三，对于提高社会效益和经济效益具有重要意义。

二　确定主养鱼类和配养鱼类

主养鱼又称主体鱼，它们不仅在放养量（重量）上占较大的比例，而且是投饵施肥和饲养管理的主要对象。配养鱼是处于配角地位的养殖鱼类，它们可以充分利用主养鱼的残饵、粪便形成的腐屑及水中的天然饵料而很好地生长。确定主养鱼和配养鱼，应考虑以下因素：一是市场要求，主养鱼应是池塘获得养殖效益的主要来源，是市场上的主打品种；二是饵料和肥料来源要广泛；三是池塘条件要适合主养鱼的要求；四是主养鱼的鱼种来源要有保证。

三　池塘混养的原则

我国目前养殖的鱼类，从其生活空间看，可相对分为上层鱼类、中下层鱼类和底层鱼类3类。上层鱼类如鲢鱼、鳙鱼，中下层鱼类如草鱼、鳊鱼、鲂鱼等，底层鱼类如青鱼、鲤鱼、鲫鱼、鲮鱼、非洲鲫鱼等。从食性上看，鲢鱼、鳙鱼吃浮游生物和有机碎屑，草鱼、鳊鱼、鲂鱼主要吃草，青鱼主要吃螺、蚬等软体动物，鲤鱼、鲫鱼（鲤鱼也吃软体动物）能掘食底泥中的水蚯蚓、摇蚊幼虫及有机碎屑，鲮鱼、非洲鲫鱼能吃有机碎屑及着生藻类。池塘单独养殖上述鱼类，水体中的空间和饵料生物（如小鱼、小虾等）没有完全利用，完全可以混养其他栖息水层和食性不太相同的鱼。具体原则如下：

1）配养鱼如果套养在主养肉食性鱼类的池塘，对主养鱼和配养鱼的规格都有一定的要求。主养鱼和配养鱼同为肉食性鱼类，若两者规格相差较大，都有将对方作为饵料的危险。如果两者同为当年繁殖的鱼种，主养鱼生长速度快，应当限定其最大规格；如果配养鱼为隔年鱼种，应当限定主养鱼的最小规格。若主养鱼为鳜鱼、鲈鱼，当配养鱼下塘时，要求鳜鱼、鲈鱼小于9cm；若主养鱼为大口鲇、叉尾𩷶，当配养鱼下塘时，主养鱼应不大于13cm。

2）当配养鱼的食性与鲤鱼、鲫鱼、鲮鱼、非洲鲫鱼等基本相同，而且栖息空间也相似时，如果池塘主养这些鱼类，只能套养少量的配养鱼，只要对主养鱼投喂足量的饲料，并不影响配养鱼的生长。

四 我国池塘养鱼最常见的混养类型

1. 以草鱼为主养鱼的混养类型

这种混养类型，主要对草鱼（包括团头鲂）投喂草类，利用草鱼、鲂鱼的粪便肥水，产生大量腐屑和浮游生物，养殖鲢鱼、鳙鱼。由于青饲料较容易解决，成本较低，已成为我国最普遍的混养类型。

以草鱼为主养鱼的混养类型的典型代表是珠江三角洲和上海等地，具体放养和收获情况，见表6-2、表6-3。

> **【提示】** 由于草食性鱼类所排出的粪便具有肥水的作用，肥水中的浮游生物正好是鲢鱼、鳙鱼的饵料（俗话说"一草养三鲢"），所以主养草食性鱼类的池塘一般会搭配有鲢鱼、鳙鱼，放养量为每亩150尾，经过1年的饲养，出池规格可达400g。

2. 以鲢鱼、鳙鱼为主养鱼的混养类型

以滤食性鱼类鲢鱼、鳙鱼为主养鱼，适当混养其他鱼类，在不降低主养鱼放养量的情况下，特别重视混养食有机腐屑的鱼类（如罗非鱼、银鲷、淡水白鲨等）。饲养过程中主要采取施有机肥料的方法。由于养殖周期短，有机肥来源方便，故成本较低。一般每亩产 750kg 的高产鱼池中，每亩混养 3~5cm 的鱼种 80~100 尾。实行鱼、畜、禽、农结合，开展"综合养鱼"，在鱼鸭混养的塘中混养效果更好。

以鲢鱼、鳙鱼为主养鱼的混养类型的典型代表是湖南衡阳等地，具体放养和收获情况，见表 6-4。

3. 以青鱼、草鱼为主养鱼的混养类型

以青鱼、草鱼为主养鱼，以投天然饵料和施有机肥为主，辅以精饲料或颗粒饲料，实行"鱼、畜、禽、农"结合，"渔、工、商"综合经营，成为城郊"菜篮子"工程的重要组成部分和综合性的副食品供应基地，这是江苏无锡渔区的混养特色，具体放养和收获情况，见表 6-5。

4. 以青鱼为主养鱼的混养类型

这种混养类型主要对青鱼投喂螺、蚬类，利用青鱼的粪便和残饵饲养鲫鱼、鲢鱼、鳙鱼、鲂鱼等鱼类。由于在池塘里的螺、蚬等天然饵料资源少，而且再生能力有限，跟不上青鱼生长发育的需求，从而限制了该养殖类型的发展。目前已配制成青鱼颗粒饲料，饲养青鱼，因此在生产上值得大力推广。

以青鱼为主养鱼的混养类型的典型代表是江苏吴中区等地，具体放养和收获情况，见表 6-6。

5. 以鲮鱼、鳙鱼为主养鱼的混养类型

该类型是珠江三角洲普遍采用的养鱼方式。由于鳙鱼和鲮鱼都是典型的肥水鱼，因此在技术措施上采用投饵和施有机肥料并重的方法。鳙鱼一般每年放养 4~6 次，鲢鱼第一次放养 50~70 尾，待鳙鱼收获时，满 1kg 的鲢鱼捕出。通常捕出数量与补放数量相同。鲮鱼放养密度有大、中、小三档规格，依次分期捕捞出塘。混养一定量的鱼种，鱼种的规格为 3~5cm 时，放养量为每亩 30~50 尾。

以鲮鱼、鳙鱼为主养鱼的混养类型的典型代表是广东顺德等地，具体放养和收获情况，见表 6-7。

表6-2 池塘主养草鱼的放养和收获情况（珠江三角洲）

鱼类	放养要求				收获情况			
	规格	数量 /（尾/亩）	重量 /（kg/亩）	成活率 （%）	规格 /（kg/亩）	毛产量 /（kg/亩）	净产量 /（kg/亩）	
草鱼	0.3~0.75kg/尾	400	200	95	1.5以上	646	446	
鲢鱼	0.05~0.1kg/尾	300	22	90	0.5~0.75	162	140	
鳙鱼	0.5~2kg/尾	60	60	100	1.5以上	180	120	
鲢鱼	0.05~0.2kg/尾	60	9	100	0.5	30	21	
鲢鱼	0.05kg/尾	20	1	100	1.0	20	19	
鳙鱼	0.05kg/尾	1000	50	95	0.15~0.2	152	102	
鲮鱼	0.025kg/尾	800	20	90	0.15~0.2	115.2	95.2	
鲤鱼	6cm/尾	100	1	70	1	70	69	
鲫鱼	4cm/尾	150	1	70	0.4	42	41	
鳊鱼	6cm/尾	100	0.8	70	0.6	42	41.2	
青鱼	0.25~0.5kg/尾	10	4	90	2~3	17.5	13.5	
斑鳢	5cm/尾	20	0.2	70	0.5	7	6.8	
胡子鲶	5cm/尾	100	1	60	0.25	15	14	
总计	—	—	370	—	—	1498.7	1128.7	

第六章

池塘养殖成鱼

169

表 6-3　池塘主养草鱼的放养和收获情况（上海郊区）

鱼类	放养情况				收获情况		
	规格	数量/(尾/亩)	重量/(kg/亩)	成活率/(%)	规格	毛产量/(kg/亩)	净产量/(kg/亩)
草鱼	500~750g/尾	65	40	95	2kg/尾以上	106	
草鱼	100~150g/尾	90	11	85	500~750g/尾	45	
草鱼	早繁苗10g/尾	150	1.5	70	100~150g/尾	13	
草鱼 小计			52.5			164	111.5
团头鲂	50~100g/尾	300	22	90	250g/尾以上	68	
团头鲂	10~15g/尾	500	6	70	50~100g/尾	26	
团头鲂 小计			28			94	66
鲢鱼	100~150g/尾	300	33	95	750g/尾以上	170	
鲢鱼	夏花	400	0.5	80	100~150g/尾	35	
鲢鱼 小计			33.5			205	171.5
鳙鱼	100~150g/尾	100	13	95	1000g/尾以上	57	
鳙鱼	夏花	150	—	80	100~150g/尾	15	
鳙鱼 小计			13			72	59
鲫鱼	25~50g/尾	500	14	95	250g/尾以上	71	
鲫鱼	夏花	1000	1	60	25~50g/尾	16	
鲫鱼 小计			15			87	72
鲤鱼	35g/尾	30	1	95	750g/尾以上	21	20
总计	—	—	143	—	—	643	500

表 6-4 以鲢鱼、鳙鱼为主养鱼的放养和收获情况

鱼类	放养情况			成活率/(%)	收获情况			
	规格	数量/(尾/亩)	重量/(kg/亩)		规格/(kg/尾)		毛产量/(kg/亩)	净产量/(kg/亩)
鲢鱼	200g/尾	300	60 } 77	98	0.8	235	297	220
	5~8月放50g/尾	350	17	90	0.2	62		
鳙鱼	200g/尾	100	20 } 26	98	0.8	78	101	75
	5~8月放50g/尾	120	6	95	0.2	23		
草鱼	160g/尾	50	8	80	1.0		40	32
团头鲂	60g/尾	50	3	90	0.35		16	13
鲤鱼	50g/尾	30	1.5	90	0.8		21.5	20
鲫鱼	25g/尾	200	5.0	90	0.25		45	40
银鲴	5g/尾	1000	5.0	80	0.1		80	75
罗非鱼	10g/尾	500	5.0	80	0.25		130	125
总计	—	—	130.5	—	—		730.5	600

表6-5 以青鱼、草鱼为主养鱼的放养和收获情况

鱼类		放养情况					收获情况		
		月份	规格	数量/(尾/亩)	重量/(kg/亩)	成活率(%)	规格/(kg/尾)	毛产量/(kg/亩)	净产量/(kg/亩)
青鱼	2龄	1~2	1~1.5kg/尾	35	37	95	4以上	140	138
	2龄	1~2	0.25~0.5kg/尾	40	15	90	1~1.5	37	
	冬花	1~2	25g/尾	80	2	50	0.25~0.5	15	
草鱼	2龄	1~2	0.5~0.75kg/尾	60	37	95	2以上	120	117.5
	2龄	1~2	0.15~0.25kg/尾	70	14	90	0.5~0.75	37	
	冬花	1~2	25g/尾	90	2.5	80	0.15~0.25	14	
鲢鱼	2龄	1~2	0.35~0.45kg/尾	120	48	95	0.75~1.0	135	213
	冬花	1~2	100g/尾	150	12	90	1.0	48	
	春花	7	50~100g/尾	130	10	95	0.35~0.45	40	
鳙鱼	2龄	1~2	0.35~0.45kg/尾	40	16	95	0.75~1.2	45	75
	冬花	1~2	125g/尾	50	6.5	90	1.0	16	
	春花	7	50~100g/尾	45	3.5	90	0.35~0.45	60	
团头鲂	2龄	1~2	150~200g/尾	200	35	85	0.35~0.4	35	52.5
	冬花	1~2	25g/尾	300	7.5	70	0.15~0.2	90	
鲫鱼	冬花	1~2	50~100g/尾	500	40	90	0.15~0.25	80	154
	冬花	1~2	30g/尾	500	15	80	0.15~0.25	40	
	夏花	7	4cm/尾	1000	1	50	0.05~0.1	—	
总计		—	—	—	302	—	—	1052	750

表6-6 以青鱼为主养鱼的放养和收获情况

鱼类	放养情况				收获情况		
	规格	数量/(尾/亩)	重量/(kg/亩)	成活率/(%)	规格/(kg/尾)	毛产量/(kg/亩)	净产量/(kg/亩)
青鱼	1~1.5kg/尾	80	100	98	4~5	360	355.5
	0.25~0.5kg/尾	90	35	90	1~1.5	100	
	25g/尾	180	4.5	50	0.25~0.5	35	
鲢鱼	50~100g/尾	200	15	90	1以上	200	185
鳙鱼	50~100g	50	4	90	1以上	50	46
鲫鱼	50g	500	25	90	0.25以上	125	124
	夏花	1000	1	50	0.05	25	
团头鲂	25g	80	2	85	0.35以上	26	24
草鱼	250g	10	2.5	90	2	18	15.5
合计	—	—	189	—	—	939	750

表6-7 以鲮鱼、鳙鱼为主养鱼的放养和收获情况

鱼类	放养情况			收获情况		
	规格 /(g/尾)	数量 /(尾/亩)	重量 /(kg/亩)	规格 /(kg/尾)	毛产量 /(kg/亩)	净产量 /(kg/亩)
鲮鱼	50	800	48	0.125 以上	360	276
	25.5	800	24			
	15	800	12			
鳙鱼	500	80	40	1 以上	200	148
	100	120	12			
鲢鱼	50	120	6	1 以上	60	54
草鱼	500	120	60	1.25 以上	125	157
鲫鱼	40	200	8	0.5 以上	100	45
	50	100	5	0.25 以上	50	
罗非鱼	2	500	1	0.25 以上	51	50
鲤鱼	50	20	1	1 以上	21	20
总 计	—	—	217	—	967	750

6. 以鲤鱼为主养鱼的混养类型

我国北方地区的人民喜食鲤鱼，加以鲤鱼鱼种来源远比草鱼、鲢鱼、鳙鱼容易解决，故多采用以鲤鱼为主养鱼的混养类型，搭配异育银鲫、团头鲂等鱼类，并适当增加鲢鱼、鳙鱼的放养量，以扩大混养种类，充分利用池塘饵料资源，提高经济效益。这种模式主养的鲤鱼放养量占总放养重量的90%左右，要求鲤鱼产量占总产量的75%以上。

以鲤鱼为主养鱼的混养类型的典型代表是辽宁宽甸等地，具体放养和收获情况，见表6-8。

表6-8　池塘主养鲤鱼的放养和收获情况

| 鱼类 | 放养情况 | | | 成活率(%) | 收获情况 | | |
	规格	数量/(尾/亩)	重量/(kg/亩)		规格/(g/尾)	毛产量/(kg/亩)	净产量/(kg/亩)
鲤鱼	100g/尾	650	65	77	750	440	375
鲢鱼	40g/尾	150	6	96	700	101	95
	夏花	200	0.2	81	40	6.5	6
鳙鱼	50g/尾	30	1.5	93	750以上	22.5	21
	夏花	50	—	90	50	2	2
总计	—	1080	72.7		—	572	499

7. 以白鲫为主养鱼的混养类型

这种方法能充分利用白鲫的食性广泛、适应性强、产量高的优势，以白鲫放养为主，要求主养的白鲫放养量占总放养量的80%左右，要求白鲫产量占总产量的50%左右。

以白鲫为主养鱼的混养类型的典型代表是江苏无锡等地，具体放养和收获情况，见表6-9。

表6-9　池塘主养白鲫食用鱼的放养和收获情况

| 鱼类 | 放养情况 | | 饲养天数 | 收获情况 | |
	规格/(g/亩)	密度/(尾/亩)		规格/(kg/尾)	净产量/(kg/亩)
白鲫	40.5	3000	221	0.140	309.25
草鱼	445	100	184~221	1.500	94.75

（续）

鱼类	放养情况			收获情况	
	规格/(g/亩)	密度/(尾/亩)	饲养天数	规格 /(kg/尾)	净产量 /(kg/亩)
团头鲂	16	150	221	0.160	21.99
鳊鱼	47	80	215	1.315	58.00
鲢鱼	45	50	215	1.115	29.00
鲤鱼	78~110	100	148~215	0.860	86.15
银鲫	64	300	137	0.900	8.96
杂鱼	—	—		—	0.55
合计	—	3780		—	608.65

第四节　科学投喂

投喂量多质好的饵料，尤其是颗粒饲料是养鱼高产、优质、高效的重要技术措施。

一　投喂量

投喂量是指在一定的时间（一般是24h）内投放到某一养殖水体中的饲料量。它与水产动物的食欲、种类、数量、大小、水质、饲料质量等有关，实际工作中投喂量常用投喂率进行度量。

为了做到有计划的生产，保证饵料及时供应，做到根据鱼类生长需要，均匀、适量地投喂饵料，必须在年初规划好全年的投饵计划。

饲料全年分配法是从实践中总结出来的在特定的养殖方式下鱼饲料的全年分配比例表。具体方法是，首先根据鱼池条件、放养的鱼种、全池计划总产量、鱼种放养量及不同的养殖方式估算出全年净产量，然后根据饲料品质估测出饲料系数或综合饵、肥料系数，然后估算出全年饲料总需要量，再根据饲料全年分配比例表，确定出逐月、甚至逐旬和逐日分配的投喂量。

这里以上海和江苏两地养殖草鱼为例来说明月饵料分配计划（表6-10）。

表6-10　以草鱼为主体鱼投颗粒饲料为主的饵料分配百分比（%）

试验地	3月	4月	5月	6月	7月	8月	9月	10月	11月
上海	—	1.90	5.72	9.32	13.36	18.54	24.61	21.45	5.10
无锡	1.0	2.5	6.5	11	14	18	24	20	3.0

二　投喂技术

水产养殖由于鱼的品种不同、规格不同及养殖环境和管理条件的变化，需要采用不同的投喂方式。饲养时必须根据鱼的大小、种类认真考虑饲料的特性，如来源（活饵或人工配合饲料）、颗粒规格、组成、密度和适口性等。而投喂量、投喂次数对鱼的生长率和饲料利用率有重要影响。此外，使用的饲料类型（浮性或沉性、颗粒或团状等）及饲喂方法要根据具体条件而定。可以说，投喂方式与满足饲料的营养要求同样重要（彩图6-4）。

1. 配合饲料的规格

颗粒饲料具有较高的稳定性，可减少饲料对水质的污染。此外，投喂颗粒饲料时，便于具体观察鱼的摄食情况，灵活掌握投喂量，可以避免饲料的浪费。

2. 投喂方法

包括人工手撒投喂、饲料台投喂和投饲机投喂。人工手撒投喂的方法费时费力，但可以详细观察鱼的摄食情况，池塘养鱼还可以通过人工手撒投喂驯养鱼抢食。饲料台投喂可用于摄食较缓慢的鱼类，将饵料做成面团状，放置于饲料台让鱼自行摄食，一般要求饲料有良好的耐水性。投饲机投喂则是将饲料制成颗粒状，按一天的总量分几次用投饲机自动投喂（彩图6-5）。要求准确掌握每日摄食量，防止浪费，该方法省时省力。

3. 投喂次数

投喂次数又称投喂频率，是指在确定日投喂量后，将饲料分几次投放到养殖水体中。鱼苗为6~8次，鱼种为2~5次，成鱼为1~2次。

4. 投喂时间

投喂时间应安排在鱼食欲旺盛的时候，这取决于水温与溶氧量。

5. 投喂场所

池塘养鱼食场应选择在向阳、池底无淤泥的地方，水深应在0.8~1.0m。

6. 投喂要领

可概括为"四看"和"五定"。四看即看季节、看天气、看水质、看鱼情，其中鱼情即鱼的吃食和活动情况。鱼活动正常，能够在1h内吃完投喂的饲料，次日可以适当增加投喂量，否则要减少投喂量。

（1）看季节 就是要根据不同的季节调整鱼的投喂量，一年当中两头少，中间多，6~9月的投喂量要占全年的85%~95%。

（2）看天气 就是根据气候的变化改变投喂量，晴天多投，阴雨天少投，闷热天气或阵雨前停止投喂，雾天、气压低时待雾散开再投。

（3）看水质 就是根据水质的好坏来调整投喂量，水质好，水色清浅，可以正常投喂，水色过深，水藻成团或有泛池迹象时应停止投喂，加注新水，水质变好后再投喂。

（4）看鱼情 就是根据鱼的状态来改变投喂量，这是决定投喂量最直观的依据。

"五定"即定时、定位、定量、定质和定人。"五定"不能机械地理解为固定不变，而是根据季节、气候、生长情况和水环境的变化而改变。以保证鱼类都能吃饱、吃好，而又不浪费以至污染水质。

（1）定时　每天投喂时间可选在早晨和傍晚 2 次投喂，低温或高温时可以只投喂 1 次。

（2）定位　饲料应投喂到饲料台，使鱼养成一定位置摄食的习惯，既便于鱼的取食，又便于清扫和消毒。

（3）定量　即根据鱼的体重和水温来确定日投喂量，根据"四看"原则进行调整。

（4）定质　就是要求饲料"精而鲜"，"精"要求饲料营养全面，加工精细，大小合适，"鲜"要求投喂的饲料必须保持新鲜清洁，没有变质、不含有毒成分，而且要在水中稳定性好，适口性好。

（5）定人　就是有专人进行投喂。

▌三 驯食

鱼的驯食就是训练鱼养成成群到食台摄食配合饲料的习惯。驯食可以提高人工饲料的利用率，增加鱼的摄食强度，使成鱼的捕捞、鱼病防治工作更加简单有效。

> ➡ **【提示】**　如果池塘投放的鱼规格较大，在苗种阶段进行过驯食，再进行驯食比较容易；如果投放的鱼规格较小，苗种阶段可能没有进行过驯食，应尽早训练。

第五节　池塘管理

"三分养，七分管"，这就充分说明了池塘管理尤其是水质管理在池塘养鱼中的重要作用。只有管理到位，才能将养鱼的物质条件和技术措施发挥出来，才能最终获得高产、高效的结果。所以渔谚的"增产措施千条线，通过管理一根针"，是十分形象化的比喻，说明饲养管理是池塘成鱼稳产高产的根本保证。

▌一 池塘管理的重中之重

在池塘养鱼的管理中，有两个方面是重中之重，一是投饵，要让鱼吃好吃饱才能长肉，才能获得鱼产量；另一个就是水质，只有水好了，鱼才能生活，才能吃食，才能获得高产。

1. 投饵

"长嘴就要吃"，鱼也是一样。我们在池塘养鱼时，一定要多途径解决养鱼饲料。一是充分利用屋边、塘边、池埂的一切空坪隙地，种植青饲料，扩大青饲料来源。二是建成利用鸡粪养猪，猪、鸭粪养鱼，塘泥肥田、种菜、种草的生物链条，做到水中有鱼、水上有鸭，栏中有猪、鸡的生态立体式渔业模式。三是积极推广配合饲料养鱼，最大限度发挥水体效益。

在池塘养鱼中，具体的"四看五定"投饵技术见第六章第四节科学投喂。

2. 水质

鱼类在池塘中的生活、生长情况是通过水环境的变化来反映的，各种养鱼措施也都是通过水环境作用于鱼体的。池塘是一个小的生态环境，加上面积相对较小，一旦水质发生问题，将会对养鱼造成不可弥补的损失，因此一定要将水质管理到位。渔谚有"养好一池鱼，首先要管好一池水"的说法，这是渔民的经验总结。

改善水质的措施有以下几点：

（1）科学使用水质改良机 水质改良机是一机多用型渔业机械，使用效率比较高，具有抽水、吸出塘泥向池埂饲料地施肥、使塘泥喷向水面、喷水增氧、搅水、曝气、改善水质及解救浮头等功能，能有效地改善池塘溶氧条件和提高池塘生产力。

为了保持池塘良性循环的生态系统，必须减少池底的塘泥数量，同时也要降低塘泥中的氧债。池塘中的淤泥，是由死亡的生物体、粪便、残饵和有机肥料等不断沉积，加上泥沙混合而成。池底适当的淤泥为10cm左右，过多的淤泥必须及时清除。在鱼类主要生长季节，每月吸一次塘泥，将吸上来的塘泥作为塘边饲料地的肥料，广种青绿饲料，同时在生长季节每隔5~7天喷一次塘泥。

（2）积极注水 注水可以起到改善水质和直接增氧的作用，是改善水质的重要措施之一。生产实践表明，凡亩产750kg以上的鱼塘，每月要求注水5次以上，亩产1000kg以上的，每月注水7次以上，当水质变浓，鱼的食欲不振，透明度在25cm以下时，表示池水已变坏，就要及时注换部分新水（图6-6）。

（3）及时增氧 使用增氧机改善水质，是实现养鱼高产的有效途径。凡亩产750kg以上的鱼塘，都要求安装增氧机，增氧机具有增氧、搅水和曝气的作用。实践证明晴天中午开增氧机能通过其搅动，把表层过饱和的溶氧与底层

图6-6　注水

形成的氧值起混合作用，增大了池塘溶氧的贮备量，对避免次日清晨鱼类缺氧浮头，和加速底部有机物的分解、促进浮游生物生长有良好作用（彩图6-6）。

（4）施生石灰进行水质改良 施用生石灰是提高池水总硬度、中和酸性和稳定 pH 的有效方法。

二　池塘管理的主要内容

池塘养鱼技术较复杂，牵涉到气象、水质、饲料、鱼的活动情况等因素，这些因素相互影响，并时时互动。池塘养鱼时，要求养鱼者全面了解生产过程和各种因素之间的联系，细心观察，积累经验，摸索规律，根据具体情况的变化，采取与之相适应的技术措施，控制池塘的生态环境，实现稳产高产。

1. 建立养殖档案

养殖档案是有关养鱼各项措施和生产变动情况的简明记录，作为分析情况、总结经验、检查工作的原始数据，也为下一步改进养殖技术，制订生产计划做参考。要实行科学养殖，一定要做到每口池塘都有养殖档案，平时做好池塘管理记录和统计分析。

2. 巡塘

巡塘是养鱼者最基本的日常工作，应每天早中晚各进行 1 次。清晨巡塘主要观察鱼的活动情况和有无死亡；午间巡塘可结合投喂施肥，检查鱼的活动和吃食情况；近黄昏时巡塘主要检查有无残剩

饲料，如有饲料剩余，应调整饲料的投喂量；还应半夜巡塘，以便及时采取有效措施，防止泛池。酷暑季节天气突变时，鱼类易发生浮头，如有浮头迹象，应根据天气、水质等采取相应的措施。如果鱼的习性是在池底活动，但是发现它在水面或池边游动，要检查分析，有死鱼出现也要检查分析，并采取对策。

3. 投喂管理

根据"四看"和"五定"的原则来投喂。饲料台和投食场要经常清扫和消毒。没吃完的饲料当天都要清除掉；每1周要仔细清扫饲料台和投食场1次，捞出残渣，扫除沉积物，每2周要对饲料台和投食场消毒1次，消毒可用生石灰或漂白粉。

4. 定期检查

定期检查鱼的生长情况，是否有疾病发生。定期检查可以做到胸中有数，对制订渔业计划、采取相应措施是很有意义的。

5. 其他管理

其他的池塘管理包括种好池边的青饲料；合理使用渔业机械，搞好渔机设备的维修保养和用电安全；掌握好池水的注排，保持适当的水位，做好防旱、防涝、防逃工作；做好鱼池清洁卫生和鱼病防治工作。

三 鱼类浮头及对策

精养鱼池由于池水有机物多，所以耗氧量大，当水中溶氧降低到一定程度（一般1mg/L左右），鱼类就会因水中缺氧浮到水面，将空气和水一起吞入口内，这种现象称为浮头。浮头是鱼类对水中缺氧所采取的"应急"措施，这几乎是所有养鱼的人的共识，但是造成池塘里的鱼浮头的原因远远不是这么简单。在此将我们在池塘养殖中见到的浮头现象及采取的措施归类综述，以供广大养殖户参考。

1. 水瘦引起的浮头

4~5月的池塘常常出现这种情况。精养高产鱼塘经过多年养殖，通常会在池底淤积一层较厚的底泥，如果在冬季不及时清整，厚厚的淤泥中隐藏大量浮游生物及原生动物虫卵。当开春后，池塘里的水温回暖，在用生石灰消毒和有机肥施肥后，这些虫卵很快被激活。

当温度适宜时，虫卵就会大量繁殖，这些浮游动物需要大量的氧气来满足生长发育的要求，因此会导致池塘中的呼吸耗氧量大大增加。而另一方面，池塘里具有造氧功能的浮游植物被这些浮游动物每日捕食，造成池水很快变瘦，水色呈现灰白色或浅棕色。池塘里的鱼就表现出浮头现象，时间一长，就会直接影响鱼的摄食和生长。只不过由于此时水温不是很高，浮头症状也不是很明显，所以往往被人们忽视而造成事故。

【对策】

1）用杀虫药如敌百虫杀灭过多的虫体，从而抑制浮游动物数量，减轻池塘的呼吸耗氧量。

2）用底改净、底改王等改底调水的药物强化改底，目的是加速底泥氧化速度，降低耗氧因子。

3）在池塘养殖早期，当水位达到1m以上时，多拉几次空网，目的是搅动底泥，让底泥中的藻类释放出来，然后使用益生菌及生物复合肥料等保证前期藻类繁殖所需营养，促进有益藻类的快速发育，通过光合作用来为水体提供氧气。

2. 水肥引起的浮头

这是养殖户都认同的一种浮头，也是在养殖生产上最常遇见的浮头现象，当然也是最危险的浮头。

由于在养殖前期施入大量没有完全腐熟甚至未经发酵的粪肥，加上过厚的淤泥及饲料残渣的堆积，到了夏季水温大幅上升后，肥料及有机堆积物开始发酵分解，池水变得很肥，在发酵分解过程中会消耗掉水体中的大量氧气，这时缺氧浮头在所难免。

鱼发生了浮头，还要判断浮头的轻重缓急，以便采取适当的措施加以解救。判断浮头轻重，可根据鱼类浮头起始的时间、地点、浮头面积大小、浮头鱼的种类和鱼类浮头动态等情况来判别（表6-11）。

【对策】

1）坚持每年清淤1次，清除池塘内的淤泥及有机物残渣。

2）在饲养管理中，搭设草料框，及时捞除饲草等残渣。

3）池塘要定期排放陈水，同时补充新水，以增大透明度，改善水质，增加溶氧，使水质保持"肥、活、嫩、爽"。

表6-11　鱼类浮头轻重程度

浮头时间	池内地点	鱼类动态	浮头程度
早上	中央、上风	鱼在水上层游动，可见阵阵水花	暗浮头
黎明	中央、上风	罗非鱼、团头鲂、野杂鱼在岸边浮头	轻
黎明前后	中央、上风	罗非鱼、团头鲂、鲢鱼、鳙鱼浮头，稍受惊动即下沉	一般
2：00～3：00以后	中央	罗非鱼、团头鲂、鲢鱼、鳙鱼、草鱼或青鱼（如青鱼饵料吃得多）浮头，稍受惊动即下沉	较重
午夜	由中央扩大到岸边	罗非鱼、团头鲂、鲢鱼、鳙鱼、草鱼、青鱼、鲤鱼、鲫鱼浮头，但青鱼、草鱼体色未变，受惊动不下沉	重
午夜至前半夜	青、草鱼集中在岸边	池鱼全部浮头，呼吸急促，游动无力，青鱼体色发白，草鱼体色发黄，并开始出现死亡	泛池

4）定期往池塘泼洒硝化细菌、芽孢杆菌等水质改良剂，改善水质。

5）7～15天使用一次水质净化方面的药物或生物型复合肥料，一方面抵制底质细菌，另一方面抑制老化藻类，促使有益藻类的发育，稳定藻相。

6）高温季节或出现鱼病时，可以使用生态型消毒剂如高浓度的碘制剂，不仅具有抑菌效果，而且还有净水抑藻，确保水质稳定的作用。

7）发生浮头时应及时采取增氧措施，增加水体中的溶解氧，必须强调指出，由于池塘水体大，用增氧机或水泵的增氧效果比较慢。

浮头后开机、开泵，只能使局部范围内的池水有较高的溶氧，此时开动增氧机或水泵加水主要起集鱼、救鱼的作用。因此，水泵加水时，其水流必须平水面冲出，使水流冲得越远越好，以便尽快把浮头鱼引集到这一路溶氧较高的新水中以避免死鱼。在抢救浮头时，切勿中途停机、停泵，否则反而会加速浮头死鱼。一般开增氧机或水泵冲水需待日出后方能停机停泵。

3. 转水引起的浮头

这种浮头通常发生在养殖中后期，往往被养殖户误认为是水太肥而造成的。

这种浮头是有前兆的，首先是池水繁殖出大量鱼不爱吃的蓝绿藻，这时的水色呈蓝绿或暗绿色。其次是在池塘的下风处漂浮一层有机浮膜，可闻到腥臭味。一旦遇到条件合适时，例如天气突变或其他原因，池塘表面的蓝绿藻就会迅速老化死亡并下沉到池塘底部。全池溶氧很低，而有毒物质却显著增加，极易造成池塘死鱼。如果我们在鱼池中看到有这些表现时，说明池塘很快就要"转水"或水质败坏，如不及时抢救，将发生严重浮头、泛塘甚至绝产。

这种浮头是非常危险的，其主要原因是在这种池塘的底部会积累大量硫化氢、甲烷、氨氮等有害气体，在发生浮头的同时往往可能伴随着中毒行为。

【对策】

1）勤巡塘观察，尤其是要在下风口检查，当发现池水有转水现象时要立即用除藻类药物来杀灭有害藻类，2天后再用水体解毒剂来进行解毒，然后再进行肥水。

2）一旦池塘已经发生了转水，这时要双管齐下，一方面排去底层水，另一方面灌注新鲜水，确保换水量为1/4～1/3。当换水结束后，施用生物复合肥，尽快使水肥起来。

3）在前面工作做好后，要适当延长增氧机的开机时间，尤其是在清晨要多开机，增加底泥的氧化能力，有效排除有害气体。

4）通常池鱼窒息死亡后，浮在水面的时间不长，即沉于池底。根据渔民经验，泛池后一般捞到的死鱼数仅为整个死鱼数的一半左右，即还有一半死鱼已沉于池底。为此，应待浮头停止后，及时拉网捞取死鱼或人下水摸取死鱼。

4. 天气变化引起的浮头

这种浮头现象虽然比较常见，但并没有引起养殖户的足够重视，希望今后广大养殖户对此有所关注。

发生浮头的天气有两种情况，第一种情况是在夏天晴天傍晚有雷阵雨或者刮冷风时，池水上下层会发生对流现象，溶氧高的表层水下沉，偿还氧债；而严重缺氧的底层水上浮，在上浮的过程中会夹杂各种有害气体甚至底部的沉渣，结果造成全池性缺氧，从而引起浮头。第二种情况是连续阴雨天气，尤其是在梅雨季节，较长时间的低温、缺少光照，造成池塘里的浮游植物活动能力下降，光合作用变得微弱，水中溶氧得不到足够补充，而池塘里的鱼类及其他水生生物的呼吸作用却照常进行，从而造成水中的溶解氧入不敷出，引起浮头。

【对策】

1）在养殖过程中，要养成注意收听天气预报的好习惯。如果预报天气为连绵阴雨，则应根据预测浮头技术，在鱼类浮头之前开动增氧机，改善溶氧条件，防止鱼类浮头。在夏季如果天气预报傍晚有雷阵雨，则可在晴天中午开增氧机。

2）遇有阴雨闷热天气，下午应少投饵或不投饵，因为这时鱼的摄食欲望也降低了，可能有一些饵料并没有被完全吃完，会发酵造成溶解氧的消耗。

3）加强夜间巡塘，在闷热天气或夜间发现有浮头现象时，要立即使用准备好的专用增氧化学物品为池塘增加溶氧。同时施用抗应激产品，次日凌晨要开动增氧机或冲水。

4）当发生泛池时，池边严禁喧哗，人不要走近池边，也不必去捞取死鱼，以防浮头鱼受惊死亡。只有待开机开泵后，才能捞取个别未被流水收集而即将死亡的鱼，可将它们放在溶氧较高的清水中抢救。

5. 鱼类及其他水生生物密度过大引起的浮头

这种浮头现象也往往被养殖户所忽略。造成这种浮头主要是两方面的原因：一是投放鱼种时缺乏统筹安排，鱼种投放过多；二是有些缺乏经验的养殖户在注水时没有设置过滤网或过滤网网目不合适或是过滤网损坏没有及时更新，导致各种野杂鱼及虫卵一并入池，造成池中生物密度过大。当高温季节到来时，水中氧气溶解度随水温升高而降低，而鱼类和其他水生生物的呼吸强度却随之加强。在这种氧气入不敷出的情况下，浮头就在所难免了。

【对策】

1）在池塘养殖之初，就要根据具体情况统筹安排放养密度，如果密度过高，就要及时分塘。

2）在向池塘注水时要在进水口设置网目合适的筛绢滤水口袋，避免野杂鱼及虫卵入池。

3）定期用生石灰、三氯异氰脲酸粉等对池塘进行清塘消毒，既能调节水质，又能杀灭过多的野杂鱼和其他水生生物，必要时用杀虫剂杀灭过多的浮游动物。

6. 氨氮中毒引起的浮头及"暗浮头"

这种浮头现象虽然常见，但是养殖户却常常误判为疾病，最明显的就是以烂鳃病来治疗，从而延误了浮头的解救。

养鱼池塘的氨氮中毒原因很多，例如施用化肥过量，也会造成水中氨氮超标，常常会出现鱼类上浮、不吃食，从而引起浮头。另外在养殖的中期及天气晴朗时，池塘表层溶氧过饱和而底层溶氧不足，鱼类就会上浮水面，甚至伴随出现应激性烂鳃，这就是俗称的"暗浮头"。发生暗浮头时，鱼类行动迟缓，摄食欲望不强，时间久了也会致死。

【对策】

1）发生暗浮头时切勿盲目加水，应从调整水质入手，使用降低水体的氨氮等有害物质的药物，全池泼洒。

2）用水体解毒剂来及时解毒，同时在夜间全池泼洒速效增氧的药品，增加水体溶氧。

3）应激性烂鳃出现时，用高效的含碘制剂等刺激性小的药物做抑菌处理，切勿用强刺激性药物，否则死亡的现象会更严重。

7. 寄生虫病害引起的浮头

这种浮头并不常见，即使发生了，养殖户一般都会以为是寄生虫感染，也会按照"先杀虫、后治病"的方针来处理。

这种浮头的表现是鱼类成群结队上浮到水面漫游，有时候鱼有打旋症状，其中草鱼最为明显。镜检鳃片时，会发现鳃片上寄生大量寄生虫或原生动物。由于鳃丝受到影响，导致鱼类呼吸受到影响，于是就会上浮水面。

【对策】

1）使用高效低刺激的杀虫药 1~2 次，将鱼类鳃片上的寄生虫杀灭。

2）用含碘制剂进行消毒，减少寄生虫脱落后鳃片发炎而可能导致的其他的疾病发生。

8. 饥饿引起的浮头

这种浮头只要养殖户加强管理就可以解决，基本上对鱼类没有太大的死亡威胁，只是会引起鱼类消瘦。

这种上浮现象主要发生在鲢、鳙、鲮鱼等肥水鱼身上。表现为池塘的水质清瘦，透明度较大，鲢、鳙或鲮鱼等会结群上浮水面觅食，行动敏捷，游泳自如，它们会抢食饲料粉末，甚至会吞食下风口处的有机浮膜。

【对策】

1）全池泼洒生物肥料或有益生物菌制剂，加速繁殖浮游生物，满足它们对天然料的需求。

2）可投喂鲢、鳙、鲮鱼爱吃的精饲料。

9. 肝胆综合征引起的上浮

这种上浮并不是浮头，而是一种疾病导致的，对这种疾病比较敏感的鱼是草鱼和鲤鱼。

鱼上浮到水面，活动没有规律，或打旋或钻上钻下，严重的会陆续死亡。对鱼体解剖后可见肝呈白黄斑状，胆肿大，呈暗黑色，是典型的肝胆综合征。

【对策】

1）更换较低蛋白的饲料后症状缓解。

2）按照对症下药的原则，重点治疗肝胆综合征。

3）建议投喂"肝宁康" + 高效 Vc 药饵等药物，可防治此病。

10. 污染水或用药量过大引起的浮头

这种浮头现象不多见，只是在污染地区或者因疾病严重乱用药时才会发生。鱼的表现是上浮到水面，同时乱窜乱跳或疯狂游水。

【对策】

1) 快速引进新水，稀释有害物浓度，同时从底层排出有毒水。

2) 泼洒"解毒底改颗粒"或"水产高效维C"解毒，并提高鱼体的免疫力。

3) 合理使用抗应激产品。

四 合理使用增氧机

增氧机具有增氧、搅水和曝气等3方面的功能。在池塘养鱼中，高产鱼塘必须使用增氧机，可以这样说，增氧机是目前最有效的改善水质、防止浮头、提高产量的专用养殖机械之一。目前我国已生产出喷水式、水车式、管叶式、涌喷式、射流式和叶轮式等类型的增氧机，其中以叶轮式增氧机增氧效果最好，在成鱼池养殖中使用也最广泛。据水产专家试验表明，使用增氧机的池塘净产量增长14%左右。

1. 增氧机的作用

在高产池塘里合理使用增氧机，在生产上具有以下作用：①促进池塘内物质循环的速度，能充分利用水体；②提前开启机器，能有效地预防浮头，稳定水质；③在浮头发生时，开启增氧机，可直接解救浮头，防止浮头进一步恶化为泛池现象；④可增加鱼种放养密度和增加投饵施肥量，从而提高产量；⑤有利于防治鱼病尤其是预防一些鱼类的生理性疾病效果更显著。

2. 增氧机使用的误区

虽然增氧机已经在全国各地的精养鱼池中得到普及推广，但是不可否认，还有许多养殖户的增氧机的使用很不合理，还是采用"不见兔子不撒鹰，不见浮头不开机"的方法，把增氧机消极被动地变成了"救鱼机"，只是在危急的情况下救鱼，而不是用在平时增氧养鱼。

第六章 池塘养殖成鱼

⚠️ **【注意】** 增氧机的使用误区是使用时间短，每年只在高温季节使用，平时不使用，从而导致增氧机的生产潜力没有充分发挥出来。

3. 科学使用增氧机

首先是开机时间要科学：开启增氧机讲究晴天中午开，阴天清晨开，连绵阴雨半夜开、傍晚不开，浮头早开，鱼类主要生长季节坚持每天开。

其次是运转时间要科学：半夜开机时间长，中午开机时间短；天气炎热开机时间间长，天气凉爽开机时间短；池塘面积大开机时间长，池塘面积小开机时间短。

五 实行轮捕轮放

轮捕轮放就是分期捕鱼和适当补放鱼种，也就是在密养的水体中，根据鱼类生长情况，到一定时间捕出一部分达到商品规格的成鱼，再适当补放鱼种，以提高池塘经济效益和单位面积鱼产量，这是群众创造的先进养鱼措施。概括地说，轮捕轮放就是"一次放足，分期捕捞，捕大留小，去大补小"。

1. 轮捕轮放的作用

在成鱼池中实行轮捕轮放，作用明显，一是能保证整个饲养期间始终保持池塘鱼类较合理的密度；二是有利于及时将活鱼均衡上市，满足淡季的市场需求，提高社会效益和经济效益；三是有利于鱼体的成长和充分发挥池塘生产潜力；四是及时捕鱼上市可及时回笼资金，有利于加速资金周转，减少流动资金的数量；五是在捕捞部分商品鱼后，有利于后期培育量多质好的大规格鱼种，为稳产、高效奠定基础；六是有利于提高饵料、肥料的利用率（彩图6-7）。

图6-7 起捕成鱼

2. 轮捕轮放的形式

1）捕大留小。就是一次放足，分批起捕，捕大留小。在开始投放鱼种时，将不同种类、不同规格的鱼种，一次性放足，当一部分鱼达到上市规格后就分批起捕上市，留下小的继续生长。

2）捕大补小，就是分批放养，分批起捕，捕大补小。在开始投放鱼种时，并不要求一定要将鱼种一次性放足，等一部分鱼生长达到上市规格后，立即起捕上市，再补放相同的部分鱼种。采用这种方法需有专门的鱼种池配套，也可在池中套养夏花苗作隔年鱼种。

3. 轮捕轮放的技术

轮捕轮放的一个关键技术要点就是"捕"，为了获得最大的经济效益，可以将捕鱼时间放在市场的淡季，而这个淡季就是炎热的夏天（图6-7）。

在天气炎热的夏秋季节捕鱼，养殖户都称之为捕"热水鱼"。与一般的捕鱼不同，捕"热水鱼"是一项技术性较高的工作，要求操作更细致、更熟练、更轻快。因为夏季水温高，鱼的活动能力强，上蹿下跳的能力明显比冬季强，所以捕捞起来比较困难，加上高温时，鱼的新陈代谢能力强，鱼类耗氧量大，不能忍耐较长时间的密集，而捕在网内的鱼又大部分需要回池，如果它们困在网内时间过长，很容易受伤或缺氧闷死。

⚠ **【注意】** 为了减少伤亡，在捕捞"热水鱼"时，我们都会选择在水温较低且池水溶氧较高时进行。一般多选择在下半夜至黎明时捕鱼，一方面是水温相对较低，另一方面可以及时供应早市。在捕捞时，如果发现鱼有浮头征兆或正在浮头，那么不要拉网捕鱼。

➡ **【提示】** 捕捞后，要立即向池塘加注新水或开动增氧机，让鱼有一段顶水时间，以冲洗过多黏液，增加溶氧，防止浮头。在白天捕"热水鱼"，一般加水或开增氧机2h左右即可；在夜间捕"热水鱼"，加水或开动增氧机后一般要待日出后才能停泵停机。

对于一些因人力原因导致拉网起捕困难的地方，可以推广抬网捕鱼。

第六节　80∶20 池塘养鱼技术

一　80∶20 池塘养鱼的理念

80∶20 池塘养殖模式是由美国奥本大学教授史密特博士针对中国的具体情况而设计的。与传统的混养模式相比，80∶20 池塘养殖模式在技术上和经济上具有明显的优势，近年来逐渐为广大渔（农）民所接受，已从试验转向大面积推广，1994 年，美国大豆协会分别在黑龙江省哈尔滨市金山岭堡养鱼场，长江三角洲的江苏省、上海市和浙江省的五个地方对鲤鱼和鲫鱼进行养殖试验后提出了这种新型的水产养殖高产、高效技术。2004 年全国 80∶20 池塘养殖规模达到 200 多万亩，平均亩产 550kg，亩效益 2000 元左右。

80∶20 池塘养鱼的概念是，池塘养鱼收获时，80% 的产量是由一种摄食颗粒饲料、较受消费者欢迎的高价值鱼的鱼类所组成，也称之为主养鱼，如鲤鱼、鲫鱼、青鱼、草鱼、团头鲂、斑点叉尾鮰、尼罗罗非鱼等；而其余 20% 的产量则是由被称为"服务性鱼"的鱼类所组成，也称之为搭配鱼。如鲢鱼、鳙鱼，可清除池中浮游生物，净化水质；鳜鱼、鲶鱼、鲈鱼等肉食性鱼类，可清除池中的野杂鱼。这种养殖模式的基础是投喂颗粒饲料。

80∶20 池塘养鱼模式在生产实践中，可以用于从鱼苗养至鱼种，也可以用于从鱼种养至商品鱼。任何一种能够吞食颗粒饲料的池塘养殖鱼类都可以作为占 80% 产量的主养鱼。

二　80∶20 养殖技术与传统养殖技术相比的优点

与传统养殖技术相比，由于 80∶20 养殖技术采用全程投喂颗粒饲料和对水质的高度控制，因此具有明显的养殖效益。其养殖优点体现在以下几个方面：①池塘的养殖产量高，利润高，每亩池塘可以轻松达到高产 1000kg；②对于占 80% 的主养鱼来说，产品的商品率高，规格整齐，市场适销性好；③对环境污染小，病害少，更符合无公害养殖要求；④这种养殖方式可以减少劳动强度。

三　养殖技术要点

1）用标准方法准备养鱼的池塘。

2）将规格均匀一致的能摄食颗粒饲料的鱼种和规格比较均匀的滤食性鱼类（如鲢鱼）的鱼种放养到已准备好的池塘中，使这些鱼类在收获时，大致分别占总产量的80%和20%。

3）采用一种营养完全、物理性状好的颗粒饲料，按规定的计划表和方法投喂占80%的那部分鱼类。

4）养殖期间，将池塘水质维持在一个不会引起鱼类应激反应的水平。采用标准的方法管理池塘，会比传统池塘混养体系少发生鱼病，减少增氧和换水。

5）在养殖周期结束时，能一次性收获所有鱼类；主养鱼的个体应该是大小均匀的、市场适销的。

四 操作规范

1. 池塘的要求

池塘面积以 1~6 亩为宜，水深为 1.2~1.8m，水位应维持稳定，没有严重漏水情况；底质以黑壤土最好，黏土次之，沙土最差；池塘的底部和水中不应堆积树叶、树枝或类似的物体，池形一般规则整齐，以东西向的长形（长宽比 3:2）为好；池塘周围不应有高大的树木和房屋；堤埂坚固，不漏水，堤面要宽；堤岸高度应高出水面 30~50cm。

2. 水源和水质的要求

水源必须充足，注排水方便，水质良好，不含对鱼类有害的物质。水呈绿色为好。

3. 放养前的准备

冬季或早春将池水排干，让池底冰冻日晒，使土地疏松，减少病害。然后挖出过多淤泥，修补堤埂，填好漏洞，整平池底。鱼种放养前 10~15 天用生石灰带水或干法清塘。在取得鱼种之前，要检查运输、操作和放养鱼种所需的所有设施，还要确保饲料的供应。

4. 鱼种放养

（1）主养鱼类 根据市场的需求和本技术的特点，主要养殖鱼类占80%，可以选择的品种有斑点叉尾鮰、团头鲂、优质鲫鱼、罗非鱼、草鱼、鲤鱼等。但是，对于"80%"这个比例而言，并非绝对化，使其在 70%~90% 即可。

主养鱼类的选择要注意 3 方面的问题：①市场性，即所养殖的品种是否适销对路；②易得性，即是否有稳定的人工繁殖鱼苗供应；③放养的可行性，即是否适应当地的池塘生产系统，如水温、水质等特殊要求。

（2）配养鱼类 20% 配养鱼类的营养物质或饲料来源，主要是对池塘生态系统中 80% 的主养鱼类损失的饲料、粪便、排泄物等的生物及化学的转化和利用和对经济价值低的野杂鱼类的转化。配养鱼可以考虑滤食性鱼类中的鲢鱼、鳙鱼、鲛鱼等和掠食性鱼类中的鳜鱼、黄颡鱼等凶猛性鱼类（图 6-8）。

（3）鱼种的规格、质量要合适 鱼种规格应该均匀一致，一般为 100 ~ 150g/尾。放养的白鲢、花鲢鱼种为 50 ~ 100g/尾。必须选择无鱼病、健康状况好的鱼种，其主要标志是体色一致，皮肤上无溃疡、疮疤或斑点，鳍条完整，并且游动活泼，不易捕捉。

图 6-8　配养鱼

（4）放养密度 放养密度和产量在一定的范围内呈正相关，放养密度增加，产量呈正比增加，但鱼产量达到一定的值后，放养密度再增加，产量的增加变缓。所以，放养密度的确定要根据池塘条件、放养鱼类品种、大小、出池规格、饲养管理水平和资金投入的情况而定。不同的品种增重倍数不同，所以放养密度一般以鱼类的产量除以该种鱼的增重倍数来计算，其结果就是存塘鱼的数量。为使出池时存塘鱼的数量有所保证，可适当增加 5% 作为修正值。据测算，每亩放养主养鱼 1000 ~ 1200 尾，放养白鲢、花鲢鱼种 150 ~ 200 尾。

【实例】　有一面积为 10 亩的池塘，准备放养草、鲢、鳙鱼，计划总产量为 500kg，其中草鱼 100kg，鲢鱼 300kg，鳙鱼 100kg。已知草鱼种平均规格为 0.25kg/尾，计划年底养成的草鱼规格为 1kg/尾，成活率估计为80%；鲢鱼种平均规格为0.05kg/尾，年底计划出塘规格为0.50kg/尾，成活率估计为90%；鳙鱼种平均规格为0.05kg/尾，年底养成规格为0.75kg/尾，成活率估计为90%；试问草、鲢、鳙鱼三种鱼种各放养多少？解答如下：

1）当总产量为500kg，包括鱼种，指毛产量时则有：

草鱼每亩放养量为 = 100 尾/（1 × 80%）= 125 尾

总放养量 = 10 × 125 尾 = 1250 尾

鲢鱼每亩放养量为 = 300 尾/（0.5 × 90%）= 667 尾

总放养量 = 10 × 667 尾 = 6670 尾

鳙鱼每亩放养量为 = 100 尾/（0.75 × 90%）= 148 尾

总放养量 = 10 × 148 尾 = 1480 尾

表 6-12 中显示了具体的结果。

表 6-12　总毛产量为 500kg 时各鱼种的投放情况（10 亩水面）

鱼种	计划产量 /kg	苗种规格 /（kg/尾）	出池规格 /（kg/尾）	估计成活率 （%）	投放量/尾	总放养量 /尾
草鱼	100	0.25	1	80	125	1250
鲢鱼	300	0.05	0.50	90	667	6670
鳙鱼	100	0.05	0.75	90	148	1480

2）当总产量为500kg，不包括鱼种，且三种鱼的产量均为净产量时则有：

草鱼每亩放养量为 = 100/[（1 − 0.25）× 80%] = 167 尾

总放养量 = 10 × 167 = 1670 尾

鲢鱼每亩放养量为 = 300/[（0.5 − 0.05）× 90%] = 741 尾

总放养量 = 10 × 741 = 7410 尾

鳙鱼每亩放养量为 = 100/[（0.75 − 0.05）× 90%] = 159 尾

总放养量 = 10 × 159 = 1590 尾

表 6-13 中显示了具体的结果。

五　饲料的质量要求和投喂技术

以主养鱼类饲料的投喂提供池塘养殖系统所需要的营养物质。有时也可以根据不同的主养对象，适当投喂一些天然的绿色饲料，可以在一定程度上达到补充维生素和防止鱼病的目的，如青草等。

表 6-13　总净产量为 500kg 时各鱼种的投放情况（10 亩水面）

鱼种	计划产量 /kg	苗种规格 /（kg/尾）	出池规格 /（kg/尾）	估计成活率 （%）	投放量 /尾	总放养量 /尾
草鱼	100	0.25	1	80	167	1670
鲢鱼	300	0.05	0.50	90	741	7410
鳙鱼	100	0.05	0.75	90	159	1590

1. 饲料的质量要求

投喂高质量的饲料可以使鱼类保持良好的健康状况、最佳的生长情况产量，并尽可能减少可能给环境带来的废物，为最佳的利润支付合理的成本。使用有较高的营养含量和良好的物理性状的饲料是 80:20 池塘养鱼技术的关键。较高的营养含量是指将高质量的原料按一定比例配合成饲料，满足鱼类所有的营养需求，良好的物理性状是指制成的颗粒饲料具有干净牢固的外形，浸泡在水中至少能稳定 10min 以上。饲料的质量要求具体如下：

1）饲料必须制成颗粒状。

2）采用的饲料必须达到营养完全，包括完全的维生素预混剂和矿物质预混剂，及补充的维生素 C 和磷质。

3）饲料的蛋白质含量为 26%~35%。

4）饲料的质量会随着存放时间的延长而降低。饲料应该在出厂后 6 周内用完，因为存放时间过久，其维生素和其他营养物质会损失，并会受到霉菌和其他微小生物的破坏。饲料应储藏在干燥、通风、避光和阴凉的仓库中，防止动物和昆虫的侵扰。

2. 投喂技术

为使鱼的生长和饲料系数之间平衡，每次投喂和每天投喂的最适宜饲料量应为鱼的饱食量的 90% 左右。

池塘中鱼类摄食饲料的数量主要与水温和鱼的平均体重有关。投喂的实用方法很多，必须掌握以下几条投喂原则：

1）最初几天以 3% 的投喂率投喂，当鱼能积极摄食后，鱼会在 2~5min 内吃完这些饲料。

2）训练鱼在白天摄食。投喂的时间最好是在 8:00~16:00，或黎明后 2h~ 黄昏前 2h。

3）严格避免过量投喂，过量投喂的标志是在投喂后 10min 以上，还有剩余的饲料未被鱼吃完。

六 水质管理

水质问题是池塘养鱼中最重要的限制因子，也是最难预料和最难管理的因素。池塘中鱼类的死亡、疾病的流行、生长不良、饲料效率差及其他一些类似的管理问题大多与水质差有关。水质管理的目标是，为池塘中的鱼类提供一个相对没有应激的环境，一种符合鱼类正常健康生长的化学、物理学和生物学标准的环境。

1. 增氧

每口池塘配备增氧机 1 台，5~10 亩池塘配功率 1.5kW 的增氧机，1~4 亩可选择功率较小的增氧机。

2. 温度

最适合于鱼生长的水温是 26~30℃。水温在 20℃ 以下，鱼的生长就很差。超过 35℃ 鱼类的生长和饲料效率会急剧降低，甚至停止生长或患病和死亡。

3. 含氮的废物

氨和亚硝酸盐是蛋白质经鱼消化后产生的含氮的废物。这些废物在集约化高密度养鱼生产系统中可能会成为问题，但在为 80：20 池塘养鱼建议的放养密度和生产水平中是不应该成为问题的。控制池塘中含氮废物最实用的管理技术是限制投入池塘的饲料量，这要通过限制养鱼生产的放养密度等来实现。

4. 投放石灰石

在池塘中适当投放石灰石，会减少低溶氧发生，pH 的昼夜变动也不会太剧烈。池塘水的 pH 在晚间，尤其是黎明时，偏酸性；在白天，尤其是中午时，偏碱性。较理想的 pH 变动范围为 6.5~8.5。

七 生产管理

传统的养殖主要遵循"八字精养法"——"水、种、饵、密、混、轮、防、管"，这是对我国传统的池塘养鱼的精辟总结，对任何池塘养鱼都是很适用的。但是，80：20 养殖技术较传统的养殖管理更简单，主要侧重于"水、种、饲、防"四大要素。

做好记录，保存好养殖场生产过程中生产和经济方面与购买、销售等有关的所有记录，并将观察到的重要现象及时记录下来。

每天至少1次到养殖池塘去观察鱼的情况（巡塘），如鱼类的摄食行为、水色和水质的总体情况，知道什么是正常的情况，什么是异常的情况，并对下面几个问题有充分的准备：①鱼类停止摄食；②鱼类表现出患病的症状；③鱼类在水面"浮头"；④出现很大的雷阵雨，并有强风和暴雨，存在"泛池"的危机。

第七节　微流水池塘养殖

一　微流水池塘条件

面积为 667～2000m² 的家鱼成鱼饲养池稍加改造就可用于微流水养殖。一般以面积为 500～1000m² 的长方形鱼池比较理想。面积太大时，既增加了均匀投喂的难度，又浪费了水资源。

1. 鱼池结构

以砖石护坡、硬泥底质的鱼池最为理想。鱼池最好为泥底，"三合土"底质相对要差，底泥的厚度以不超过10cm为佳。水池要有进排水设施，排水阀能排底层水，且具备调节水位的功能。

2. 水深及水量

成鱼池要求水深 1.2～2m。所谓微流水，并非要求一天24h都有水流进流出，只要日平均换水量能达到全池的15%～20%即可，当然，如水源充足，水量丰沛，长年有微流水入池那就更好。通常生产上可以每天注水 2～3h，也可以几天注换水1次。此外，池塘最好能安装增氧机，以利于节水和高产。

二　鱼种放养

1. 放养密度

放养密度与池塘的载鱼能力相关，亦即与池塘条件、鱼种规格和饲养水平等因素有关。对于长年有微流水入池或有配套增氧机的池塘，放养密度可大些，一般可达每立方米水体放养 250 尾左右。池塘条件较差的，可适当降低放养量。

2. 放养规格

确定放养鱼种的规格主要根据饲养到当年起捕时是否能达到食用鱼的商品规格。一般说来，主养鱼放养规格不同，其增长速度也有差异，规格越大，增重量也越大。从试验和生产结果看，体重100g以上的鱼种当年可达到1500g以上。因此，主养鱼鱼种的放养规格不应低于100g。

3. 搭配种类

可以套放一些滤食性鱼类和植食性鱼类如鲢鱼、鳙鱼、鲂鱼等，每亩放10~15尾，以减少饲料的浪费和溶氧的消耗，滤食相当数量的浮游生物，对改善池塘水质，保持水质活、嫩、爽有重要作用。

4. 清塘消毒

鱼种放养前必须严格清塘消毒，以消除发病隐患。所用药物以生石灰加漂白粉效果最好，用药量随池塘使用时间、底质、水源情况而定。一般为每亩池塘施生石灰150~250kg，再加漂白粉10~12.5kg。施药10~15天后即可试水放鱼。鱼种在放养前用呋喃西林药浴。

三 饲料投喂

在不设饵料台饲养时，鱼个体规格差异较大，因此成鱼池最好架设饵料台。饵料台可用竹材编制成圆形或长方形的筛框，底下铺一层聚乙烯纱窗布；也可用金属做框架，底面缝上聚乙烯纱窗布。饵料台的大小与周边的高度及滤水性能对饵料系数的高低有直接的影响，通常每个饵料台面积为0.25~0.4m²、边高0.25m较合适。设置饵料台的个数与鱼池大小相关，一般1亩左右的成鱼池至少应设6个饵料台。日投喂次数为1~3次，具体视水温情况而定，生产上一般为2次。投喂时间在早晨和傍晚。日投喂量为鱼体重的1.5%~3%。投饵以手撒方式为好。还应做到定时、定量、定点、定质投喂（图6-9）。

图6-9　正在抢食的鱼

四 日常管理

1）成鱼池对水质的要求与苗种池相似。养殖水体应维持一定的肥度，通常以水呈浅油绿色、透明度为 40cm 左右为好。培养这种水色的关键是控制水中的浮游植物群必须以绿藻为主。同时要经常换水，保持较好的水质和较高的溶氧。在高温季节，每月用生石灰按每立方米水体 15g 的用量全池泼洒 1 次，每半月投喂 1 次抗菌药饵。

2）溶氧若能维持在 5mg/L 以上，则鱼的食欲旺盛，生长率与饲料利用率都最高；如溶氧降低到 2mg/L，摄食量将下降，如果溶氧继续降低，发现鱼在池边缓慢游动或堆积在一起，这是鱼浮头的前奏，称之为"暗浮头"，应立即冲水，并用增氧机增氧。一旦发现鱼体变色、眼珠无光的个体，通常很难救活。严重浮头的鱼群其死亡率也极高。

3）池水的 pH 对鱼的摄食、生长、疾病流行均有显著的影响。施用生石灰调节水质时不宜大剂量泼洒，每次的用量以每亩施 15 ~ 20kg 为宜，如达不到所需的 pH，次日可再施 1 次。

4）池水温度调节。初夏适当降低池塘水位有利于升温。炎夏把池水加深到 1.8 ~ 2m，再把注换水时间改为下半夜或清晨，池面圈养一些水生植物等，使水温维持在适宜的范围内，鱼即可正常摄食和生长。

5）饵料台及其周围的环境卫生直接影响鱼的摄食与病害的发生，所以每天必须清除残饵，洗刷饵料台并晾晒。饵料台周围要定期泼洒生石灰水消毒。

第七章
鱼病防治

第一节　鱼病发生的原因

为了较好地掌握发病规律和防止鱼病的发生，首先必须了解发病的原因。鱼的发病原因比较复杂，既有外因也有内因。查找根源时，不应只考虑某一个因素，应该把外界因素和内在因素联系起来加以考虑，才能正确找出发病的原因。

一　外部因素

1. 化学物质

池水化学成分的变化往往与人们的生产活动、周围环境、水源、生物活动（鱼类、浮游生物、微生物等）、底质等有关。如果鱼池长期不清塘，池底堆积大量没有分解的剩余饵料、鱼类粪便等，这些有机物在分解过程中，会大量消耗水中的溶解氧，同时还会放出硫化氢、沼气、碳酸气等有害气体，毒害鱼。工厂、矿山和城市排出的工业废水和生活污水日益增多，有些地方，土壤中重金属盐（铅、锌、汞等）含量较高，在这些地方修建鱼池，容易引起弯体病。

> ⚠ 【注意】　含有一些重金属毒物（铅、锌、汞）、硫化氢、氯化物等物质的废水如进入鱼池，重则引起池鱼的大量死亡，轻则影响鱼的健康，使鱼的抗病机能削弱或引起传染病的流行。

2. 酸碱度

养殖水体的酸碱度以 pH 7~8.5 为宜。水体酸度低于 5 或碱度高于 9.5 会引起鱼生长不良，甚至死亡。

3. 溶解氧

水中溶解氧含量的高低对鱼的生长和生存有直接的影响。在溶解氧缺乏的水中，鱼对饵料的利用率低，体质渐弱。溶解氧低至"浮头"时，如果短时间内不增加溶解氧，就会造成鱼死亡；溶解氧过多过饱和，则又会造成鱼苗和鱼种患气泡病。

4. 水温

鱼是变温动物，在正常情况下，体温是随外界水温变化而变化的，外界水温变化过快，鱼就难以适应，易产生死亡。

【提示】 鱼苗、鱼种在运输过程中和下塘时，要求水温变化不超过2℃，长期的高温或低温对鱼会产生不良影响，如水温过高，可使鱼的食欲下降。亲鱼或鱼种进温室越冬时，进温室前后的水的温差不能相差过大。如相差 2~3℃，就要引起鱼病或死亡。

5. 机械性损伤

拉网捕鱼、鱼种运输及人工授精时操作不当，常使鱼受伤，引起组织坏死，同时伴有出血现象，使鱼容易被水霉感染。

二 生物因素

一般常见的鱼病，多数是由各种生物（包括病毒、细菌、霉菌、寄生虫、藻类）传染或侵袭而引起的。另外，还有些直接吞食或直接危害鱼的敌害生物，如池塘内的青蛙会吞食鱼的卵和幼鱼。

三 人为因素

1. 放养密度不当和混养比例不合理

合理的放养密度和混养比例能够增加鱼产量，但放养密度过大，会造成缺氧，并降低饵料利用率，导致鱼的生长速度不一致，大小悬殊，同时由于鱼缺乏正常的活动空间，加之代谢物增多，会使其正常摄食生长受到影响，抵抗力下降，发病率增高。另外不同规格的鱼同池饲养，易发生大欺小和相互咬伤的现象，长期受欺的鱼及被咬伤的鱼，往往有较高的发病率。当然鱼类食性不同，混养时应注意比例和规格，如比例不当，不利于鱼的生长。

2. 饲养管理不当

饲料营养不全面，不能满足鱼生长、发育的需要。例如长期缺乏维生素、无机盐，投食不清洁或变质的饲料，投食不均匀、时饥时饱，水草丛生，水质恶化，投喂不规律等均能引起鱼病。

3. 饲养池及进排水系统设计不合理

饲养池特别是其底部设计不合理时，不利于池中的残饵、污物的彻底排除，易引起水质恶化使鱼发病。进排水系统不独立，一池鱼发病往往也传播导致另一池鱼发病。这种情况特别是在大面积精养或水流池养殖时更要注意预防。

4. 消毒不彻底

鱼体、池水、底质、食场、食物、工具等消毒不彻底，会使鱼的发病率大大增加（图7-1）。

图 7-1 容易导致鱼生病的底质

5. 检疫不严

从外地引种时，未经检疫，使伤鱼、带病原体的鱼混入池内，从而引发疾病。

四 内在因素

一条鱼是否得病，除上述外在因素外，主要还是取决于鱼体的内因，即鱼的免疫能力。在一定的外界条件下，鱼对不同的疾病，抵抗力有所不同，如出血性水肿病会引起鱼大面积的死亡，而三代虫病、鲺病等所引起的危害要小得多。另外鱼在不同的生长时期对同一疾病的抵抗力也不同，如苗种期得小瓜虫病的机会要大于成鱼期。

第二节 鱼病的类型与预防

一 鱼病的类型

按病原来分，鱼病大致可分为传染性病害、侵袭性病害和其他因素引起的病害 3 个类型。

1. 传染性病害

传染性病害由植物性病原体（病毒、细菌、霉菌、单细胞藻类等）引起，分急性、次急性和慢性 3 种，有潜伏期、预兆期、发作期和痊愈期等阶段，感染形式有单纯感染和混合感染。传染病通过皮肤、黏膜、鳃、消化道和排泄系统等侵入鱼体内，但能否生病要看鱼的健康状况和病原体侵入数量及环境条件来定。鱼的皮肤是防止传染病侵入的有效防御组织。

2. 侵袭性病害

侵袭性病害由动物性寄生虫（原生动物、蠕虫、软体动物幼虫、甲壳动物等）引起，其主要来源是带有寄生虫的鱼和病鱼尸体，被污染的饲料、养鱼工具、池水、池泥和水生动、植物等也可以导致侵袭性病害。

3. 其他因素引起的病害

除上述两大类由病原体引起的疾病外，还有许多物理的、化学的和生物的因素所引起的病害。如缺氧所引起的"浮头"和"泛池"、工业污水、含有有毒物质的城镇生活污水及某些藻类水华产生有毒物质而引起的鱼病。这类外界条件的不利影响，能直接引起鱼生理机能的失调，甚至导致大量死鱼，其危害性不亚于传染性和侵袭性鱼病。

二 鱼病预防

鱼病防治是提高鱼苗和鱼种成活率、保证成鱼稳产高产的一项重要措施，防病治病工作要贯彻于养鱼的各个环节，包括亲鱼培育、产卵、孵化、鱼苗培育、鱼种培育和商品鱼养殖等各个方面，因此我们要重视鱼类疾病的防治工作，保证获得好的经济效果。

在池塘里养鱼，由于是高密度养殖，因此很容易发生鱼病，而且一旦发生了鱼病，就会很快地在池塘里传染，从而造成严重的损失，因此鱼病防治应本着"防重于治、防治相结合"的原则，贯彻"全面预防、积极治疗"的方针。鱼在水中，一旦生病，治疗就有一定难度。而且鱼得病后再进行治疗，也只能挽救病情较轻者，病情较严重者往往施药也没有效果。因此，鱼病的预防，更有其重要的意义。目前常用的预防措施和方法有以下几点。

1. 改善池塘生态环境

池塘生态环境的好坏决定着鱼类能否健康、快速地生长，因此我们在养殖中，一定要积极改善池塘的生态环境。作为一个高产鱼池，水源必须充足，水的理化性质要适合养殖对象的生长，做到水中无污染，不带病原体，另外在设计池塘进排水系统时，应使每个池塘有独立的进排水管，杜绝一池生病，殃及全场的行为（图7-2）。

2. 彻底清塘消毒

淤泥不仅是病原体滋生和储存的场所，而且淤泥在分解时要消耗大量氧气，在夏季容易引起泛池，因此无论是养殖池塘还是越冬池，鱼进池前都要消毒清池。每年清除1次池底过多的淤泥，或排干池水后进行翻晒、冰冻，可杀灭部分细菌和寄生虫，水生昆虫等。池塘的消毒药物和消毒方式，见第六章第一节。

3. 鱼种消毒

鱼种在入塘前进行消毒处理，一般常用药剂有3%~5%的食盐水、10mg/kg的漂白粉、8mg/kg的硫酸铜、20mg/kg的高锰酸钾等。这些药剂的适用对象为鱼皮肤和鳃上的细菌和寄生虫。高锰酸钾和敌百虫对单殖吸虫和锚头蚤有特效。漂白粉和硫酸铜混合使用，可消灭大多数寄生虫和细菌（图7-3）。

图7-2　独立的进排水系统

图7-3　鱼种的消毒

4. 饵料消毒和食场（台）消毒

投喂的天然饵料要新鲜、适口。饵料用清水洗净、选择鲜活的投喂，如果是投喂动物性饵料，要求新鲜无毒害，打浆或粉碎后，要用水冲洗，使汁液流尽再投喂，以免汁液变质后败坏水质。投喂人工饵料要求新鲜，无霉败变质，在数量上使鱼吃饱即可，尽量减少残饵。使用的颗粒饲料，在水中保型时间必须符合要求。食场采取漂白粉挂篓或挂袋方法来进行消毒，可预防细菌性皮肤病和烂鳃病。

5. 药物预防

结合巡塘，定期监测对养殖鱼类的任何异常现象都不能忽视，尤其对发现的病死鱼，应及时捞出，查找病因，及时采取相应救治措施，必要时请水产专家帮助诊断和给出防治建议。由于细菌性肠炎、寄生虫性鳃病和皮肤病等，常集中于一定时间暴发。在发病以前采取药物预防，往往能收到事半功倍的效果。

> ⚠️ 【注意】 对病死鱼类的尸体，要妥善处理，防止疫病的扩散和二次污染。

6. 环境卫生和工具消毒

清除杂草，去除水面浮沫，保持水质良好，及时掩埋死鱼，是防止鱼病发生的有效措施之一。鱼用工具最好是专塘专用，如做不到专塘专用，应在换塘使用前，用 10mg/kg 的硫酸铜溶液浸泡 5min。

7. 控制水质

池塘和越冬池的水，一定要杜绝引用工厂废水，无论是建造鱼池还是越冬池首先要考虑有符合要求的水源。利用地下深井水和温泉水，事先要采水样进行水质分析。如果深井水无氧或含铁量过高，应采取曝气增氧和除铁措施（氧化、沉淀、过滤等）。

> ➡️ 【提示】 平时要加强对水质的监管，经常检测水中溶解氧、氨氮、亚硝酸盐、硫化氢含量和 pH 等水质指标，使之保持在允许范围内。积极调控水质，保持"肥、活、嫩、爽"的良好水质，并防止水体富营养化（图7-4）。

图 7-4　改良水质的专用水质改良剂

8. 小心捕捞与运输操作

鱼在越冬期易发生水霉病，这主要是由于鱼体受伤而受到水霉侵袭所致，故捕捞和运输一定要小心细致，避免损伤鱼体。

第三节　渔药的使用

一　渔药使用原则

1）在池塘养殖过程中要加强对病、虫、敌害生物的综合防治，坚持"全面预防，积极治疗"的方针，强调"防重于治，防治结合"的原则。

2）选用渔药应严格遵守国家和有关部门的规定，严禁使用未经取得生产许可证、批准文号、生产执行标准的渔药，严禁使用国家已经禁止使用的药物。

3）严禁使用高毒、高残留或具有三致毒性（致癌、致畸、致突变）的渔药，以不危害人类健康和破坏水域生态环境为基础，选用"三效"（高效、速效、长效）"三小"（毒性小、副作用小、用量小）的渔药。大力推广健康养殖技术，改善养殖水体生态环境，提倡科学合理的混养和密养，建议使用生态综合防治技术和使用生物制剂、中草药对病虫害进行防治。

4）严禁使用对水环境有严重破坏性并使其难以修复的渔药，严禁直接向养殖水体泼洒抗生素。

二 辨别渔药的真假

辨别渔药的真假可按下面 3 个方面来判断：

1. "五无"型渔药

"五无"即无商标标识、无产地即无厂名厂址、无生产日期、无保存日期、无合格许可证。这种渔药连基本的外包装都不合格，请想想看，这样的渔药会合格吗？会有效吗？这是最典型的假渔药。

2. 冒充型渔药

这种冒充表现在两个方面，一种情况是商标冒充，主要是一些见利忘义的渔药厂家发现了市场俏销或正在宣传的药物时，即生产出同样包装、同样品牌的产品或冠以"改良型产品"来出售；另一种情况就是一些生产厂家利用一些药物的可溶性特点将一些粉剂药物改装成水剂药物，然后冠以新药来投放市场。这种冒充型的假药具有一定的欺骗性，普通的养殖户一般难以识别，需要专业人员进行及时指导帮助才行。

3. 夸效型渔药

具体表现就是一些渔药生产企业不顾事实，肆意夸大诊疗范围和效果，有时我们能见到部分渔药包装袋上将其描述得天花乱坠，包治百病，实际上疗效不明显或根本无效，见到这种能治所有鱼病的渔药最好摒弃不用。

> ➡ 【提示】 在长期为养殖户提供鱼病诊治服务时，我们发现养殖户常常受到这些假药的伤害，他们期待有关职能管理部门对此应引起重视，采取切实可行的措施，强化渔药市场的整顿和治理，对生产经营假药者给予严厉打击，杜绝假冒伪劣渔药入市经营，以解除渔民的后顾之忧。

三 选购渔药

1）选购渔药首先要在正规的药店购买，注意药品的有效期。

2）特别要注意药品的规格和剂型。同一种药物往往有不同的剂型和规格，其药效成分往往不相同。如漂白粉的有效氯含量为28%～

32%，而漂粉精为 60%~70%，两者相差 1 倍以上。再如 2.5% 的粉剂敌百虫和 90% 的晶体敌百虫是两种不同的剂型，两者的有效成分相差 36 倍。不同规格药物的价格也有很大差别。因此，了解同一类渔药的不同商品规格，便于选购物美价廉的药品，并根据商品规格的不同药效成分换算出正确的施药量。

3）合理用药，对症下药。目前常用于防治鱼类细菌、病毒性疾病和改善水域环境的全池泼洒渔药有氧化钙（生石灰）、漂白粉、二氯异氰尿酸钠、三氯异氰尿酸、二氧化氯、二溴海因、四烷基季铵盐络合碘等；常用杀灭和控制寄生虫性原虫病的渔药有氯化钠（食盐）、硫酸铜、硫酸亚铁、高锰酸钾、敌百虫等，这些渔药常用于浸浴机体、挂篓和全池泼洒；常用内服药有土霉素、红霉素、诺氟沙星、磺胺嘧啶和磺胺甲噁唑等；中草药有大蒜、大蒜素粉、大黄、黄连、黄柏、五倍子、空心莲和苦参等，可以用中草药浸液全池泼洒和拌饵内服。

四 不同的给药方法及特点

给药方法不同，病鱼对药物的吸收速度也不一样，药物在病鱼体内的浓度也不一样，从而影响药物的作用。

（1）挂篓法或挂袋法 具有用药量少，用药方便，对鱼类没有危险而且毒副作用较小的优点，但是杀灭病原体不彻底，主要用于鱼病的预防和早期疾病的治疗。

（2）药浴法 也具有用药量少，用药方便，对鱼类没有危险而且毒副作用较小的优点，但是原养殖水体中的病原体不能杀灭，仅能彻底杀灭鱼体身上的病原体，主要用于转池或运输前后所用。

（3）遍洒法 这种用药方法对水体中的病原体杀灭最彻底，效果最佳，预防、治疗均可用。但用药量较大，计算水体体积不方便，如果药物的安全浓度较小，药物用少了，则对鱼病治疗毫无作用，但是药物一旦用多了，则非常容易发生中毒等副作用。

（4）涂抹法 具有用药量小，用药方便，对鱼类没有危险而且毒副作用较小的优点，但是在使用这种用药方法时一定要注意操作技巧，不能让药物进入鱼鳃中，从而发生危险。

（5）口服法 具有用药量准确，用药方便的优点，能够有效杀灭病鱼体内的病原体。适用于鱼病的预防和早期治疗，但对重病的鱼则没有药效。

（6）注射法 用药量更小、更准确，而且病鱼吸收快、疗效好，但是操作麻烦，需要对病鱼一尾尾地进行注射。

五 准确计算用药量

鱼病防治上内服药的剂量通常按鱼的体重计算，外用药则按水的体积计算。

（1）内服药 首先应比较准确地推算出鱼群的总重量，然后折算出给药量的多少，再根据鱼的种类、环境条件、鱼的吃食情况确定出鱼的吃饵量，再将药物混入饲料中制成药饵进行投喂。

（2）外用药 先算出水的体积。水体的面积乘以水深就得出体积，再按施药的含量算出药量，如施药的含量为 1mg/L，则 $1m^3$ 水体应该用药 1g。

例如某口鱼池发生了鲺病，需用 0.5mg/L 的晶体敌百虫来治疗。该鱼池长 100m、宽 40m、平均水深 1.2m，那么使用药物的量就应这样推算：鱼池水体的体积是 $100m \times 40m \times 1.2m = 4800m^3$，施药的含量是 0.5mg/L，则 $1m^3$ 水体应该用药 0.5g 算出药量为 $4800m^3 \times 0.5g = 2400g$。那么这口鱼塘就需用晶体敌百虫 2400g。

六 用药十忌

（1）忌凭经验用药 "技术是个宝，经验不可少"，这是我们水产养殖专业户常常挂在嘴边的口头禅。在养殖生产中，由于养鱼场一般都设在农村，在这些远离城市的基层里，缺乏病害的诊断技术和必要设备，所以一些养殖户在疾病发生后，未经必要的诊断或无法进行必要的诊断，这时，经验就显得非常重要了。他们或根据以前治疗鱼病的经验，或根据书本上看过（实际上已经忘记或张冠李戴了）的一些用药方法，盲目施用渔药。例如在基层服务时，我们发现许多老养殖户特别信奉"治病先杀虫"的原则，不管是什么原因引起的疾病，先使用一次敌百虫、灭虫精等杀虫药，然后再换其他的药物，这样做是非常危险的，因为一则贻误了病害防治的最佳时机，二则耗费了大量的人力和财力，乱用药还会加快鱼类的死亡。

（2）**忌随意加大剂量** 我们常常发现，一些养殖户在用药时会自己随意加大用药量，有时用药甚至比我们为他开出的药方剂量高出 3 倍左右，他们加大渔药剂量的随意性很强，往往今天用 1mg/L，明天就敢用 3mg/L，在他们看来，用药量大了，就会起到更好的治疗效果。这种观念是错误的，任何药物只有在合适的剂量范围内，才能有效地防治疾病。如果剂量过大甚至达到鱼类致死浓度时则会发生鱼类中毒事件。所以用药时必须严格掌握剂量，不能随意加大剂量，当然也不要随意减少剂量。根据编者的个人经验，为了起到更好的治疗作用，在开出鱼病用药处方时，结合鱼体情况、水环境情况和渔药的特征，在剂量上已经适当提高了 20% 左右。基本上处于生产第一线的水产科技人员都是这么做的，所以一旦养殖户随意加大用量，极有可能会导致鱼中毒死亡。

（3）**忌用药不看对象** 一些养殖户一旦发现鱼生病了，也找准了鱼病，可是在用药时，不管是什么鱼，一律用自己习惯的药物。例如一旦发生了寄生虫病时，不管是什么鱼，统统用敌百虫，认为这是最好的药。殊不知，这种用药方法是错误的，因为鱼的种类众多，不同的鱼对药物的敏感性也不是完全相同的，必须区分对象，采取不同的用药量才能有效果且不对鱼产生毒性，例如虹鳟鱼就对敌百虫、高锰酸钾较为敏感，在用药时，敌百虫的含量不得高于 $0.5g/m^3$，高锰酸钾溶液含量不得高于 $0.035g/m^3$，如果与银鲫鱼用相同含量的药物治疗，肯定会造成大批的虹鳟鱼死亡，所以在用药前一定要看看治疗的对象。另外即使是同一养殖对象，在它们的不同生长阶段，对某些药物的耐受性也是有差别的，如成鳖可用较高含量的高锰酸钾溶液进行浸泡消毒，而稚鳖则对高锰酸钾溶液的耐受性较低，低含量的高锰酸钾溶液就可以导致机体受损甚至死亡。

（4）**忌不明药性乱配伍** 一些养殖户在用药时，不问青红皂白，只要有药，拿来就用，结果导致有时用药效果不好，有时还会毒死鱼，这就是对药物的理化性质不了解，胡乱配伍导致的结果。其实有许多药物存在着配伍禁忌，不能混用，例如二氯异氰脲酸钠和三氯异氰脲酸等药物要现配现用，宜在晴天傍晚施药，避免使用金属容器具，同时不与酸、铵盐、硫黄、生石灰等配伍混用，否则就起不到治疗效果；敌百虫不能与碱性药物（如生石灰）混用，否则会生成毒性更强的敌敌畏，对鱼类而言是剧毒药物。

（5）忌药物混合不均匀 这种情况主要出现在粉剂药物的使用上，例如一些养殖户在饲料中添加口服药物进行疾病防治时，有时为了图省事，简单地搅拌几下，结果造成药物分布不均匀，有的饲料中没有药物，起不到治疗效果，有的饲料中药物聚集成堆，导致药物局部中毒，因此在使用药物时一定要小心、谨慎、细致入微，对药物进行分级充分搅拌，力求药物分布均匀。

> ● 【提示】 在使用水剂或药浴时，用手在容器里多搅动几次，要尽可能地使药物混合均匀。

（6）忌用药后不进行观察 有一些养殖户在用药后，就觉得万事大吉了，根本不注意观察鱼类在用药后的反应，也不进行记录、分析。这种行为是错误的，我们建议养殖户在药物施用后，必须加强观察。尤其是在下药24h内，要随时注意鱼的活动情况，包括鱼的死亡情况、鱼的游动情况、鱼体质的恢复情况。在观察、分析的基础上，要总结治疗经验，提高病害的防治技术，减少因病死亡而造成的损失。

（7）忌重复用药 养殖户重复用药的原因主要有两个，一个是养殖户自己主观造成的，是故意重复用药，期望鱼病快点治好。另一个是客观现状造成的，由于目前渔药市场比较混乱，缺乏正规的管理，同药异名或同名异药的现象十分普遍，一些养殖户因此而重复使用同药不同名的药物，导致药物中毒和耐药性产生的情况时有发生。因此，建议养殖户在选用渔药时，请教相关科技人员，认真阅读药物的说明书，了解药物的性能、治疗对象、治疗效果，然后要对药物的通俗名和学名进行了解，看看是不是自己曾经熟悉的药名。

（8）**忌用药方法不对**　有一些养殖户拿到药后，兴冲冲地走到塘口，不管用药方法正确与否，见水就撒药，结果造成了一系列不良后果。这是因为有些药物必须用适当的方法才能发挥它们的有效作用，如果用药方法不当，会影响治疗效果或造成中毒。例如固体二氧化氯，在包装运输时，都是用 A、B 袋分开包装的，在使用时要将 A、B 袋分别溶解后，再混合才能使用。如果直接将 A、B 袋打开立即拌和使用，有时在高温下会发生剧烈化学反应，导致爆炸事故，危及养殖户的生命安全，这就是用药方法不对的结果。还有一种情况往往是养殖户忽视的，就是在泼洒药物治疗疾病时不分时间，这是不对的。正确方法是先喂食后泼药，如果是先洒药再喂食或者边洒药边喂食，鱼有时会把药物尤其是没有充分溶解的颗粒型药物当作食物来吃掉，导致鱼类中毒事故的发生。

（9）**忌用药时间过长**　我们发现部分养殖户在用药时，有时为了加强渔药效果，人为地延长用药时间，这种情况尤其是在浸洗鱼体时更明显。殊不知，许多药物都有蓄积作用，如果一味地长期浸洗或长期投喂渔药，不仅影响治疗效果，有时还可能影响机体的康复，导致慢性中毒。所以用药时间要适度。

（10）**忌用药疗程不够**　一般泼洒用药连续 3 天为 1 个疗程，内服用药 3~7 天为 1 个疗程。在防治疾病时，必须用药 1~2 个疗程，至少用 1 个疗程，保证治疗彻底，否则疾病易复发。有一些养殖户为了省钱，往往看到鱼的病情有一点好转时，就不再用药了，这种用药方法是不值得提倡的。

七　常见名优水产品对药物的敏感性

生产实践的经验总结和科研结果表明，并不是所有的药物都对所有的鱼病有效，也并不是所有的渔药都可以适用于所有的鱼。许多鱼类可能会对其中某一种渔药有特别的敏感性，一旦用药不慎，就会发生鱼类伤亡事故，给池塘养殖户造成重大损失。现将一些对部分渔药敏感的鱼类和药物名称汇集如下，供广大养殖户参考。

（1）**淡水白鲳鱼**　对有机磷等渔药最为敏感，敌百虫、敌敌畏等均属于绝对禁用的药物。

(2）鳜鱼 对敌百虫、氯化铜等较敏感，0.2mg/L以上的敌百虫就会造成鳜鱼不同程度的死亡；0.7mg/L以上的氯化铜也能造成鳜鱼中毒死亡，因此在鳜鱼池中不能使用这些药物。

(3）加州鲈鱼 对敌百虫最为敏感，一定要慎用。根据试验，用晶体敌百虫全池泼洒时，含量严格控制在0.3mg/L以下较为安全。

(4）乌鳢鱼 对硫酸亚铁十分敏感，因此在乌鳢鱼的人工养殖中防治鱼病时应慎用或不用硫酸亚铁。

(5）虹鳟鱼 对敌百虫、高锰酸钾较为敏感，水温在11.5～13.5℃时，敌百虫对虹鳟鱼的安全含量为0.049mg/L，特别是虹鳟幼鱼的敏感性较强。

(6）河蟹 河蟹对晶体敌百虫、硫酸铜较为敏感，一定要慎用，全池泼洒时敌百虫含量控制在0.3mg/L以下，硫酸铜含量控制在0.7mg/L以下较为安全。

(7）青虾 青虾对杀灭菊酯、敌百虫晶体、硫酸铜等较为敏感，应禁用或慎用，特别对敌杀死十分敏感，应禁止使用。全池泼洒时，控制敌百虫含量在0.013mg/L以下，硫酸铜含量在0.3mg/L以下较为安全。

(8）罗氏沼虾 对敌百虫特别敏感，应严禁使用。药物使用控制量为：漂白粉在1mg/L以下，硫酸铜在0.3mg/L以下，生石灰在25mg/L以下。

(9）鱼、虾、蟹混养 鱼、虾、蟹混养时晶体敌百虫、硫酸铜应禁用或慎用。全池泼洒常用药物含量控制在生石灰10～15mg/L，优氯净0.3～0.6mg/L，土霉素0.1mg/L，硫酸锌0.5～1.0mg/L，福尔马林10～25mg/L。

八 休药期

食用鱼上市前，应有休药期。休药期是指受试动物从最后一次给药到该动物上市可供人安全消费的时间间隔，休药期的长短应确保上市水产品的残留量必须符合国家无公害食品 水产品中渔药残留限量标准（NY 5070—2001）的要求（表7-1）。

表 7-1　常用渔药休药期

药 物 名 称	停药期/天
敌百虫（90%晶体）	≥10
漂白粉	≥5
二氯异氰尿酸钠	≥10
三氯异氰尿酸	≥10
二氧化氯	≥10
土霉素	≥30
磺胺间甲氧嘧啶及其钠盐	≥37

九　禁用的渔药

1. 我国相关机构发布的禁用渔药

无公害食品　渔用药物使用准则（NY 5071—2002）规定禁用渔药包括以下种类：地虫硫磷、六六六、林丹、毒杀芬、滴滴涕、甘汞、硝酸亚汞、醋酸汞、呋喃丹、杀虫脒、双杀脒、氟氯氰菊酯、氟氯戊菊酯、五氯酚钠、孔雀石绿、锥虫肿胺、酒石酸锑钾、磺胺噻唑、磺胺脒、呋喃西林、呋喃唑酮、呋喃那斯、氯霉素、红霉素、杆菌肽锌、泰乐菌素、环丙沙星、阿伏帕星、喹乙醇、速达肥、己烯雌酚、甲基睾丸酮。

2. 关于部分禁用渔药的说明

（1）氯霉素　该药对人类的毒性较大，抑制骨髓造血功能，造成过敏反应，引起再生障碍性贫血（包括白细胞、红细胞及血小板减少等），此外，该药还可引起肠道菌群失调及抑制抗体的形成。该药已在国外较多国家禁用。

（2）呋喃唑酮　呋喃唑酮残留会对人类造成潜在危害，可引起溶血性贫血、多发性神经炎、眼部损害和急性肝坏死等病症。目前已被欧盟等组织或国家禁用。

（3）甘汞、硝酸汞、醋酸汞和吡啶基醋酸汞　汞对人体有较大的毒性，极易产生富集性中毒，导致肾损伤。国外已在水产养殖上禁用这类药物。

（4）孔雀石绿　孔雀石绿有较大的副作用，它能溶解足够的锌，引起水生动物急性锌中毒，更严重的是孔雀石绿是一种致癌、致畸药物，可对人类造成潜在的危害。

（5）杀虫脒和双甲脒 农业部、卫生部在发布的农药安全使用规定中把杀虫脒列为高毒药物，1989年已宣布杀虫脒作为淘汰药物；双甲脒不仅毒性高，其中间代谢产物对人体也有致癌作用。该类药物可通过食物链的传递，对人体造成潜在的致癌危险。该类药物国外也被禁用。

（6）林丹、毒杀芬 均为有机氯杀虫剂。其最大的特点是自然降解慢，残留期长，有生物富集作用，有致癌性，对人体功能性器官有损害等，国外已经禁用该类药物。

（7）甲基睾丸酮、己烯雌粉 属于激素类药物。在水产动物体内的代谢较慢，极小的残留都可对人类造成危害。

甲基睾丸酮对妇女可能会引起类似早孕的反应及乳房胀、不规则大出血等；大剂量的应用影响肝脏功能；孕妇有女胎男性化和致畸胎的情况发生，容易引起新生儿溶血及黄疸。

己烯雌酚可引起恶心、呕吐、食欲不振、头痛反应，损害肝脏和肾脏，可引起子宫内膜过度增生，导致孕妇胎儿畸形。

（8）喹乙醇 主要作为一种化学促生长剂在水产动物饲料中添加，它的抗菌作用是次要的。人们已发现该药的长期添加会对水产养殖动物的肝、肾造成很大的破坏，引起水产养殖动物肝脏肿大、腹水，造成水产动物死亡。如果长期使用该类药，则会造成耐药性，导致肠球菌广为流行，严重危害人类健康。欧盟等组织或国家已经禁用该药。

第四节　常见鱼病的防治

一　病毒性疾病

1. 鲤春病毒病

【症状特征】病鱼漫无目的地漂游，身体发黑，消瘦，反应迟钝，鱼体失去平衡，经常头朝下作滚动状游动，腹部肿大、腹水，肛门红肿，皮肤和鳃渗血（彩图7-1）。

【治疗方法】

1）注射鲤春病毒抗体，可抵抗鱼类再次感染。

2）用亚甲基蓝拌饲料投喂，用量为1龄鱼每尾每天20～30mg，2龄鱼每尾每天35～40mg，连喂10天，间隔5～8天后再投喂10天，共喂3～4次为1个疗程。对亲鱼可以按3mg/kg鱼体重的用药量，料中拌入亚甲基蓝，连喂3天，休药2天后再喂3天，共投喂3次为1个疗程。

3）用含碘量为100mg/L的碘伏洗浴20min。

2. 痘疮病

【症状特征】发病初期，体表或尾鳍上出现乳白色小斑点，覆盖着一层很薄的白色黏液；随着病情的发展，病灶部分的表皮增厚而形成大块石蜡状的"增生物"；这些增生物长到一定大小之后会自动脱落，而在原处再重新长出新的"增生物"。病鱼消瘦，游动迟缓，食欲较差，沉在水底，陆续死亡（彩图7-2）。

【治疗方法】

1）用20mg/L的三氯异氰脲酸浸洗鱼体40min。

2）遍洒三氯异氰脲酸，使水体中含量为0.4～1.0mg/L，10天后再施药1次。

3）用10mg/L的溴氯海因浸洗后，再遍洒二氯异氰脲酸钠，使水体中含量为0.5～1.0mg/L，10天后再用同样的药量遍洒。

3. 出血病

【症状特征】病鱼眼眶四周、鳃盖、口腔和各种鳍条的基部充血。如果将其皮肤剥下，肌肉呈点状充血，严重时体色发黑、眼球突出，全部肌肉呈血红色，某些部位有紫红色斑块，病鱼呆浮或沉底懒游。打开鳃盖可见鳃部呈浅红色或苍白色。病鱼轻者食欲减退，重者拒食、体色暗淡、清瘦、分泌物增加，有时并发水霉、败血症而死亡（彩图7-3）。

【治疗方法】

1）用10mg/L的溴氯海因浸洗50～60min，再用0.5～1.0mg/L的三氯异氰脲酸全池遍洒，10天后再用同样的药量全池遍洒。

2）严重者在10kg水中，放入100万单位的卡拉霉素或8万～

16万单位的庆大霉素，病鱼水浴静养2~3h，多则半天后换入新水饲养，每日1次，一般2~3次即可治愈。

3）用敌百虫全池泼洒，使池水中药量为0.5~0.8mg/L；用高锰酸钾溶液全池泼洒，使池水中药量为0.8mg/L；用强氯精全池泼洒，使池水中药量为0.3~0.4mg/L。

4. 传染性造血器官坏死病

【症状特征】病鱼游动迟缓，但是对于外界的刺激反应敏锐，池塘地面的微振和响动都会使病鱼突然出现回旋急游，病情加剧后，体色变暗发黑、眼球突出，病鱼拒食、腹水、口腔出现瘀点，往往在剧烈游动后不久就死亡。鱼体腹部膨大，腹部和鳍基部充血，眼球外突，鳃丝贫血而苍白，肛门口常拖着长而较粗的白色黏液粪便（彩图7-4）。

【防治方法】

1）加强日常管理，尤其是做好水质管理，加强饵料中的营养。

2）用20mg/L的聚维酮碘浸泡5~10min。

3）将聚维酮碘与大黄等抗病毒中药用黏合剂混合，拌入饵料中投喂。

4）每千克鱼用氟苯尼考60~80mg加多种维生素，连续投喂5~7天。

二 细菌性疾病

1. 细菌性败血症

【症状特征】患病早期及急性感染时，病鱼的上下颌、口腔、鳃盖、眼睛、鳍基及鱼体两侧均出现轻度充血，肠内尚有少量食物。当病情严重时，病鱼体表严重充血，眼眶周围也充血，眼球突出，肛门红肿，腹部膨大，腹腔内积有浅黄色或红色腹水（彩图7-5）。

【防治方法】

1）投喂复方新诺明药物饲料，按10g/kg鱼体重的用药量，拌入饵料内，制成药饵投喂，每天1次，连用3天为1个疗程。

2）泼洒优氯净，使水体中的药物含量达到0.6mg/L，或泼洒稳定性粉状二氧化氯，使水体中的药物含量达到0.2~0.3mg/L。

3）在该病的流行季节，定期用显微镜检查鱼体，若发现寄生虫，应该及时杀灭。

2. 链球菌病

【病症特征】病鱼眼球浑浊、充血、突出，鳃盖发红，肠道发红，腹部积水，肝脏肿大充血、体表褪色等（彩图7-6）。

【治疗方法】

1）病鱼池用漂白粉泼洒，每立方米用药为1g；病鱼池用三氯异氰脲酸泼洒，每立方米用药为0.4～0.5g；病鱼池用漂粉精泼洒，每立方米用药为0.5～0.6g；病鱼池用优氯净泼洒，每立方米用药为0.5～0.6g。

2）每100kg鱼每天用土霉素2～8g拌饲料投喂，连喂5～7天。

3）每100kg鱼每天用磺胺甲基嘧啶10～20g拌饲料投喂，一天1次，连喂5～7天。

3. 溃疡病

【症状特征】病鱼游动缓慢，独游，眼睛发白，皮肤溃烂，溃疡损害只限于皮肤、骨骼和骨头。溃疡区多为圆形，直径达1cm（彩图7-7）。

【治疗方法】

1）用食盐或甲醛溶液对溃疡区消毒后，效果较好。

2）在饵料中掺入1%～3%的庆大霉素或甲砜霉素、磺胺嘧啶，连续用药5天。

3）氟苯尼考、金霉素、土霉素、四环素等抗生素，每天每千克鱼体重用药30～70mg制成药饵，连续投喂5～7天。

4. 疖疮病

【症状特征】鱼体病灶部位皮肤及肌肉组织发生脓疮，隆起，红肿，用手摸有柔软浮肿的感觉。脓疮内部充满脓汁和细菌。脓疮周围的皮肤和肌肉发炎充血，严重时肠也充血。鳍基部充血，鳍条裂开（彩图7-8）。

【治疗方法】

1）用复方新诺明喂鱼。每50kg鱼第1天用药5g，第2～6天用药量减半。药物与面粉拌和投喂，连喂6天。

2）每100kg鱼每天用诺氟沙星5g拌饲料，分上、下午两次投喂，连喂15～20天。

3）每100kg鱼每天用盐酸土霉素5~7g拌饲料，分上、下午两次投喂，连喂10天。

5. 白皮病

【症状特征】 发病初期，在尾柄或背鳍基部出现一个小白点，以后迅速蔓延扩大病灶，致使鱼的后半部全变成白色。病情严重时，病鱼的尾鳍全部烂掉，头向下，尾朝上，身体与水面垂直，不久即死亡（彩图7-9）。

【治疗方法】

1）用2~4mg/L浓度的五倍子捣烂，用热水浸泡，连渣带汁泼洒全池。

2）用2%~3%的食盐水浸洗病鱼20~30min。

3）每亩水深1m时用菖蒲1kg，枫树叶5kg，辣蓼3kg，杉树叶2kg，煎汁后加入尿20kg，全池泼洒。

6. 竖鳞病

【症状特征】 病鱼体表肿胀粗糙，部分或全部鳞片张开似松果状，鳞片基部水肿充血，严重时全身鳞片竖立，用手轻压鳞片，鳞囊中的渗出液即喷射出来，随之鳞片脱落，后期鱼腹膨大，失去平衡，不久死亡。有的病鱼伴有鳍基充血，皮肤轻度充血，眼球外突；有的病鱼则表现为腹部膨大，腹腔积水，反应迟钝，浮于水面（彩图7-10）。

【治疗方法】

1）在患病早期，刺破水泡后涂抹抗生素和敌百虫的混合液，产卵池在冬季要进行干池清整，并用漂白粉消毒。

2）用2%的食盐溶液浸洗鱼体5~15min，每天1次，连续浸洗3~5次。

3）泼洒二氯异氰脲酸钠，水温在20℃以下时，使水体中的药物含量达到1.5~2mg/L。

4）在50kg水中加入捣烂的大蒜头0.25kg，给病鱼浸泡数次，有较好疗效。

7. 皮肤发炎充血病

【症状特征】 皮肤发炎充血，以眼眶四周、鳃盖、腹部、尾柄等处较常见，有时鳍条基部也有充血现象，严重时鳍条破裂。病鱼浮在水表或沉在水底部，游动缓慢，反应迟钝，食欲较差，重者导致死亡（彩图7-11）。

【治疗方法】

1）用二氧化氯或二氯异氰脲酸钠 0.2~0.3mg/L 全池遍洒。如果病情严重含量可增加到 0.5~1.2mg/L，疗效更好。

2）用三氯异氰脲酸 2.0~2.5mg/L 浸洗鱼体 30~50min，每天 1次，连续 3~5天。

3）用链霉素或卡那霉素注射，每千克鱼腹腔注射 12万~15万国际单位，第5天加注1次。

8. 打印病

【症状特征】发病部位主要在背鳍和腹鳍以后的躯干部分，其次是腹部侧或近肛门两侧，少数发生在鱼体前部。病初先是皮肤、肌肉发炎，出现红斑，后扩大成圆形或椭圆形，边缘光滑，分界明显，似烙印，俗称"打印病"。随着病情的发展，鳞片脱落，皮肤、肌肉腐烂，甚至穿孔，可见到骨骼或内脏。病鱼身体瘦弱，游动缓慢，严重发病时，陆续死亡（彩图7-12）。

【治疗方法】

1）每尾鱼注射青霉素 10万国际单位，同时用高锰酸钾溶液擦洗患处，每500g 水用高锰酸钾 1g。

2）用 2.0~2.5mg/L 溴氯海因浸洗。

3）发现病情时，及时用 1% 三氯异氰脲酸溶液涂抹患处，并用相同的药物泼洒，使水体中的药物含量达到 0.3~0.4mg/L。

9. 肠炎

【症状特征】病鱼呆滞，反应迟钝，离群独游，行动缓慢、厌食、甚至失去食欲，鱼体发黑，头部、尾鳍更为显著，腹部膨大、出现红斑，肛门红肿，初期排泄白色线状黏液或便秘。严重时，轻压腹部有血黄色黏液流出。有时病鱼停在池塘角落不动，短时间地抽搐至死亡（彩图7-13）。

【治疗方法】

1）每升水用 1.2g 二氧化氯，将病鱼放在水中浸洗 10min，用药

第七章
鱼病防治

2~3 次，效果很好。

2）每升水中放庆大霉素 10 支或金霉素 10 片、土霉素 25 片，然后将病鱼浸浴 15min，有一定疗效。

3）在 50kg 水中溶解诺氟沙星 0.1~0.2g，然后将病鱼浸浴 20~30min，每日 1 次。

4）饲料中添加新霉素，每千克饲料添加 1.5g，连喂 5~7 天。

10. 黏细菌性烂鳃病

【症状特征】病鱼鳃部腐烂，带有一些污泥，鳃丝发白，有时鳃部尖端组织腐烂，造成鳃边缘残缺不全、有时鳃部某一处或多处腐烂，不在边缘处。鳃盖骨的内表皮充血发炎，中间部分的表皮常被腐蚀成一个略成圆形的透明区，露出透明的鳃盖骨，俗称"开天窗"。由于鳃部组织被破坏造成病鱼呼吸困难，常游近水表呈浮头状；行动迟缓，食欲不振（彩图 7-14）。

【治疗方法】

1）及时采用杀虫剂杀灭鱼体、鳃上和体表的寄生虫。

2）用漂白粉 1mg/L 全池遍洒。

3）用中药大黄 2.5~3.75mg/L，即每 0.5kg 大黄（干品）用 10kg 淡的氨水（0.3%）浸洗 12h 后，大黄溶解，连药液、药渣一起全池遍洒。

4）在 10kg 的水中溶解 11.5% 的氯胺丁 0.02g，将鱼浸洗 15~20min，多次用药后见效。

三 原生动物性疾病

1. 小爪虫病

【症状特征】患病初期，鱼胸鳍、背鳍、尾鳍和体表皮肤均有大量小爪虫密集寄生，形成白点状囊泡，严重时全身皮肤和鳍条密布白点，盖着白色的黏液。后期体表如同覆盖一层白色薄膜，黏液增多，体色暗淡无光。病鱼身体瘦弱，聚集在鱼缸的角上、水草、石块上互相挤擦，鳍条破裂，鳃组织被破坏，食欲减退，常呈呆滞状漂浮在水面不动或缓慢游动，终因呼吸困难死亡（彩图 7-15）。

【治疗方法】

1）用甲醛溶液 2mg/L 浸洗鱼体，水温 15℃ 以下时浸洗 2h；水温 15℃以上时，浸洗 1.5～2h，浸洗后在清水中饲养 1～2h，使死掉的虫体和黏液脱落。

2）用 0.01mg/L 的甲苯达唑浸洗 2h，6 天后重复一次，浸洗后在清水中饲养 1 小时。

3）用 200～250mg/L 的福尔马林和 0.02mg/L 的左旋咪唑合剂浸洗 1h，6 天后重复一次，浸洗后在清水中饲养 1h。

4）每亩水深 1m 时，用青木香 1kg，海金沙 1kg，芒硝 1kg，白芍 0.25kg 和归尾 0.25kg，煎水加大粪 7.5kg 泼洒，可预防此病。

2. 斜管虫病

【症状特征】斜管虫寄生于鱼的皮肤和鳃，使局部分泌物增多，逐渐形成白色雾膜，严重时遍及全身。病鱼消瘦，鳍萎缩不能充分舒展，呼吸困难，呈浮头状，食欲减退，漂游于水面或池边，随之发生死亡（彩图 7-16）。

【治疗方法】

1）用 2%～5% 的食盐水浸洗 5～15min。

2）用 20mg/L 高锰酸钾浸洗病鱼，水温 10～20℃时，浸洗 20～30min；20～25℃时，浸洗 15～30min。

3）水温在 10℃以下时，全池泼洒硫酸铜及硫酸亚铁合剂（两者比例为 5:2），使药物在池水中的含量为 0.6～0.7mg/L。

4）用 2mg/L 的甲醛溶液浸洗病鱼，水温 15℃以下时，浸洗 2～2.5h；15℃以上时，浸洗 1.5～2h。将浸洗后的鱼体在清水中饲养 1～2 小时，使死掉的虫体和黏液脱掉后，再放回饲养池饲养。

3. 车轮虫病

【症状特征】车轮虫主要寄生于鱼的鱼鳃、体表、鱼鳍或者头部。大量寄生时，鱼体密集处出现一层白色物质，虫体附着在鱼体上，不断转动，虫体的齿钩能使鳃的上皮组织脱落、增生、黏液分泌增多，鳃丝颜色变浅、不完整，病鱼体发暗，消瘦，失去光泽，食欲不振，甚至停食，游动缓慢或失去平衡，常浮于水面（彩图 7-17）。

【治疗方法】

1）用 25mg/L 甲醛溶液药浴处理病鱼 15～20min 或用甲醛溶液

15~20mg/L 全池泼洒。

2）每亩水深 0.8m 时，用枫树叶 15kg 浸泡于饲料台下。

3）用 8mg/L 硫酸铜浸洗 20~30min，或用 1%~2% 的食盐水，浸洗 2~10min。

4）0.5mg/L 硫酸铜、0.2mg/L 硫酸亚铁合剂，全池泼洒。

4. 黏孢子虫病

【症状特征】 鱼体的体表、鳃、肠道、胆囊等器官能形成肉眼可见的白色大孢囊，使鱼生长缓慢或死亡。严重感染时，胆囊膨大而充血，胆管发炎，孢子阻塞胆管。鱼体色发黑，身体瘦弱（彩图 7-18）。

【治疗方法】

1）0.5~1mg/L 敌百虫全池泼洒，2 天为 1 个疗程，连用 2 个疗程。

2）用亚甲基蓝 1.5mg/L，全池泼洒，隔天再泼 1 次。

3）饲养容器中遍洒甲醛溶液，使水体中的药物含量达到 30~40mg/L，每隔 3~5 天 1 次，连续 3 次。

5. 碘泡虫病

【症状特征】 鲢碘泡虫在病鱼各个器官中均可见到，但主要寄生在脑、脊髓、脑颅腔的淋巴液内。病鱼极度消瘦，体色暗淡丧失光泽，尾巴上翘，在水中狂游乱窜，打圈子或钻入水中复又起跳，似疯狂状态，故又称疯狂病。病鱼失去正常活动能力，难以摄食，终至死亡（彩图 7-19）。

【治疗方法】 鱼种放养前，用 500mg/L 的高锰酸钾溶液，浸洗鱼种 30min，能杀灭 60%~70% 的孢子。

四　真菌性疾病

1. 打粉病

【症状特征】 发病初期，病鱼拥挤成团，或在水面形成环游不息的小团。病鱼初期体表黏液增多，背鳍、尾鳍及体表出现白点，白点逐渐蔓延至尾柄、头部和鳃内。继而白头相接重叠，周身好似穿了一层白衣，病鱼早期食欲减退，呼吸加快，口不能闭合，有时喷水，精神呆滞，腹鳍不畅，很少游动，最后鱼体逐渐消瘦，呼吸受阻，导致死亡（彩图7-20）。

【治疗方法】

1）用生石灰5～20mg/L全池遍洒，既能杀灭嗜酸性卵甲藻，又能把池水调节成微碱性。

2）用碳酸氢钠（小苏打）10～25mg/L全池遍洒。

2. 水霉病

【症状特征】病鱼体表或鳍条上有灰白色如棉絮状的菌丝。水霉病从鱼体的伤口侵入，开始寄生于表皮，逐渐深入肌肉，吸取鱼体营养，大量繁殖，向外生出灰白或青白色菌丝，严重时菌丝厚而密，有时菌丝着生处有伤口充血或溃烂。病鱼游动迟缓，食欲减退，离群独游，最后衰竭死亡（彩图7-21）。

【治疗方法】

1）用0.1%～1%的亚甲基蓝水溶液涂抹伤口和水霉着生处，或用60mg/L的亚甲基蓝浸洗3～5min。

2）每立方米水体用五倍子2g煎汁全池泼洒。

3）用400～500mg/L的食盐水和400～500mg/L的碳酸氢钠合剂全池遍洒。

4）用菊花0.75kg，金银花0.75kg，黄柏1.5kg，青木香1.5kg，苦参2.5kg，组成配方。研制成细末，每亩的池塘面积，水深1m时，用配制成的细末0.5kg左右，加水全池泼洒。另外用食盐1.5kg左右，每0.25kg用布包好，吊挂于鱼池四周水下15～30cm处即可。

3. 鳃霉病

【症状特征】病鱼食欲减退，呼吸困难，游动迟缓，鳃丝黏液增多，鳃上有出血、缺血或瘀血的斑点，出现花鳃样。严重的病鱼鳃呈青灰色，很快死亡（彩图7-22）。

【治疗方法】

1）在疾病流行季节，定期灌注新水。

2）全池遍洒生石灰30mg/L，5天后再洒一次。

3）全池遍洒漂白粉2mg/L，5天后再洒一次。

4）每立方米水体用五倍子2～5g。先将五倍子捣碎成粉状，加

10 倍左右的水，煮沸后再煮 2～3min，用水稀释后全池泼洒。

五 蠕虫性疾病

1. 指环虫病

【症状特征】 指环虫寄生于鱼鳃，随着虫体增多，鳃丝受到破坏，后期鱼鳃明显肿胀，鳃盖张开难以闭合，鳃丝灰暗或苍白，有时在鱼体的鳍条和体表也能发现有虫体寄生。病鱼不安，呼吸困难，有时急剧侧游，在水草丛中或池边摩擦，企图摆脱指环虫的侵扰。晚期游动缓慢，食欲不振，鱼体贫血、消瘦（彩图 7-23）。

【治疗方法】

1）用晶体敌百虫 0.5～1mg/L，全池泼洒。

2）用高锰酸钾 20mg/L，在水温 10～20℃时浸洗 20～30min，20～25℃时浸洗 15min，25℃以上时浸洗 10～15min。

3）用 90% 的晶体敌百虫溶液泼洒，使水体中的药物含量达到 0.2～0.4mg/L。

2. 三代虫病

【症状特征】 少量寄生时，鱼体没有明显的症状，只是在水中显示不安的游泳状，鱼的局部黏液增多，呼吸困难，体表无光。随着寄生数量的增加，病鱼体表有一层灰白色的黏液膜，病鱼瘦弱，初期呈极度不安，时而狂游于水中，继而食欲减退，游动缓慢，终至死亡（彩图 7-24）。

【治疗方法】

1）在水温 10～20℃的条件下，用 20mg/L 的高锰酸钾溶液浸洗病鱼 10～20min。

2）用 0.7mg/L 的晶体敌百虫溶液浸洗病鱼 15～20min 后，再用清水洗去鱼体上的药液，放回缸中精心饲养。

3）用 0.2～0.4mg/L 浓度的晶体敌百虫溶液全池遍洒。

3. 嗜子宫线虫病

【症状特征】 只有少数嗜子宫线虫寄生时，鱼没有明显的患病症状，虫体寄生在病鱼鳍条中，导致鳞片隆起，鳞下盘曲有红色线虫，鳍条充血，鳍条基部发炎。虫体破裂后，可以导致鳍条破裂，往往引起细菌、水霉病继发（彩图 7-25）。

【治疗方法】

1）用细针仔细挑破鳍条或挑起鳞片，将虫体挑出，然后用1%的二氯异氰脲酸钠溶液涂抹伤口或病灶处，每天1次，连续3天。

2）用三氯异氰脲酸泼洒，水温25℃以上时，使水体中的药物含量达到0.1mg/L，20℃以下时，用药含量为0.2mg/L，可促使鱼体的伤口愈合。

3）用二氧化氯泼洒，使水体中的药物含量达到0.3mg/L，可以预防继发性的细菌性疾病的发生。

4. 原生动物性烂鳃病

【病症特征】病鱼鳃部明显红肿，鳃盖张开，鳃失血，鳃丝发白、破坏、黏液增多，鳃盖半张。游动缓慢，鱼体消瘦，体色暗淡。鱼呼吸困难，常浮于水面，严重时停止进食，最终因呼吸受阻而死（彩图7-26）。

【治疗方法】

1）用20mg/L的依沙丫啶浸洗。水温为5~10℃时，浸洗15~30min；21~32℃时，浸洗10~15min，用于早期的治疗。

2）用0.8~1.5mg/L的依沙丫啶全池遍洒。

3）用晶体敌百虫0.1~0.2g溶于10kg水中，浸泡病鱼5~10min。

4）投喂药饵，第1天用甲砜霉素2g拌饵投喂，第2~3天用药各1g，连续投喂6天为1个疗程，直至鱼痊愈。

六 甲壳性疾病

1. 中华鳋病

【症状特征】少量虫体寄生时一般无明显症状，大量虫体寄生时，则可能导致病鱼呼吸困难，焦躁不安，在水表层打转或疯狂游水，尾鳍上叶常露出水面，最后因消瘦、窒息而死。病鱼鳃上黏液很多，鳃丝末端膨大成棒状，苍白而无血色，膨大处上面有瘀血或有出血点（彩图7-27）。

【治疗方法】

1）用90%的晶体敌百虫泼洒，使池水中的药物含量达到0.2~0.3mg/L，每间隔5天用药1次，连续用药3次为1个疗程。

2）用硫酸铜和硫酸亚铁合剂（两者比例为5:2）泼洒，使池水中药物含量达到 0.7mg/L。

3）用 2.5% 的溴氰菊酯泼洒，使池水中的药物含量达到 0.02～0.03mg/L。

2. 锚头鳋病

【症状特征】发病初期病鱼呈现急躁不安，食欲不振，继而鱼体逐渐瘦弱，仔细检查鱼体可见一根根针状虫体，插入肌肉组织，虫体四周发炎红肿，有因溢血而出现的红斑，继而鱼体组织坏死，严重时可造成病鱼死亡。当寄生的虫体较多时，鱼体上像披了蓑衣一样（彩图7-28）。

【治疗方法】

1）鱼体上有少数虫体时，可立即用剪刀将虫体剪断，用紫药水涂抹伤口，再用二氧化氯溶液泼洒，以控制从伤口处感染致病菌。

2）用浓度为 1% 的高锰酸钾溶液涂抹虫体和伤口，经过 30～40s 后放入水中，次日再涂药 1 次，同样用三氯异氰脲酸溶液泼洒，使水体中的含量呈 1～1.5mg/L，水温 25～30℃ 时，每日 1 次共 3 次即可。

3）用 2.5% 的溴氰菊酯泼洒，使池水中的药物含量达到 0.02～0.03mg/L。

4）用 90% 的晶体敌百虫泼洒，使池水中的药物含量达到 0.2～0.3mg/L。

3. 鲺病

【症状特征】同锚头鳋一样寄生于鱼体，肉眼可见，常寄生于鳍上。鱼鲺在鱼体爬行叮咬，使鱼急躁不安，急游或擦壁，或跃于水面，或急剧狂游，出现百般挣扎、翻滚等现象。鱼鲺寄生于一侧，可使鱼失去平衡。病鱼食欲大减，瘦弱，伤口容易感染。病鱼皮肤发炎，皮肤溃烂（彩图7-29）。

【治疗方法】

1）如果是少数鲺寄生时，可用镊子一一取下，这种方法见效最快，但是极易给鱼造成伤害，一定要小心操作。

2）把病鱼放入 1.0%～1.5% 的食盐水中，经 2～3 天，即可驱除寄生虫。

3）用高锰酸钾或敌百虫（每立方米加入90%的晶体敌百虫溶液0.7g）清洗。

4）把鱼放入3%的食盐溶液中浸泡15～20min，使鲺从鱼体上脱落。

七 非寄生性疾病

1. 感冒和冻伤

【症状特征】鱼停于水底不动，严重时浮于水面，皮肤和鳍失去原有光泽，颜色暗淡，体表出现一层灰白色的翳状物，鳍条间粘连，不能舒展。病鱼没精神，食欲下降，逐渐瘦弱以致死亡（彩图7-30）。

【治疗方法】

1）换水时及冬季注意温度的变化，防止其过大，可有效预防此病，一般新水和老水之间的温度差应控制在2℃以内，换水时宜少量多次地逐步加入。

2）对不耐低温的鱼类应该在冬季到来之前移入温室内或采取加温饲养。

3）适当提高温度，用小苏打或1%的食盐溶液浸泡病鱼，可以渐渐恢复健康。

2. 浮头和泛池

【症状特征】鱼被迫浮于水面，头朝上努力用嘴伸出水面吞咽空气，这种现象叫浮头。水体中缺氧不严重时，鱼体遇惊动立即潜入水中；若水质恶化，导致缺氧严重时，鱼体浮在水面，受惊也不会下沉。当水中溶氧降至不能满足鱼的最低生理需要量时，就会造成泛池，鱼和其他水生动物就会因窒息而死。经常浮头的鱼会产生下颚皮肤突出的畸形。泛池将会给渔业生产造成毁灭性的损失，所以日常管理中应防止池鱼浮头和泛池（彩图7-31）。

【治疗方法】

1）遇到天气闷热，发生突然变化时，应减少投饵量，并适时加注新水或开动气泵，利用增氧机对池水进行快速增氧，这是解救鱼类浮头的有效措施。

2）池鱼发生浮头时要马上采取积极有效的增氧措施。如果有多口鱼塘出现浮头时，要先判断每口鱼塘浮头的严重程度，首先解救浮头较严重的池塘，然后再解救浮头较轻的池塘。从发生浮头到严重浮头的间隔时间与当时的水温有密切的关系。水温越高，间隔的时间越短，水温越低，间隔的时间越长。一旦观察到池鱼已有轻微浮头时，应利用这段时间尽快采取增氧措施。用水泵抽水，使相邻两口鱼池的水形成对流循环。将水从一口鱼池抽入另一口鱼池中，同时在池埂上开一个小缺口，当相邻鱼池的水位升高后会流回原池中。这种循环活水的增氧方式操作方便，效果也很好。

3）常注入部分新水，排除部分老水，这种方法最为有效。

3. 气泡病

【症状特征】病鱼体表、鳍条（尤其是尾鳍）、鳃丝、肠内出现许多大小不同气泡，身体失衡，尾上头下浮于水面，无力游动，无法摄食。鱼体上出现了气泡病，如不及时处理，病鱼体上的微小气泡能串连成大气泡而难以治疗。在鱼的尾鳍鳍条上有许多斑斑点点的气泡，小米粒大。严重时尾鳍上既有气泡，还有像血丝样的红线。如鱼体再有外伤，伤口会红肿、溃烂、感染疾病。有时胸鳍和背鳍也布满气泡，管理不当，也会造成死亡（彩图7-32）。

【治疗方法】

1）发病时立即加注新水，排除部分原池水，或将鱼移入新水中静养1天左右，病鱼体上的微小气泡可以消失。

2）鱼患有外伤时，可在伤口涂抹红汞水，并在消毒池中浸泡5~6min，2~3天就能恢复原状。

3）已发生了气泡病，可迅速冲注新水，每亩水深0.66m时，可用生石膏4kg，车前草4kg，与黄豆一起打成浆，全池泼洒。

八　营养性疾病

1. 营养缺乏症

【症状特征】病鱼游动缓慢，体色暗淡，食欲不振。有的眼睛突出，生长缓慢，大部分病鱼均患有脂肪肝综合征，若遇到外界刺激，如水质突变、降温、拉网等，则应激能力差，会发生大批死亡。生长缓慢，经检查无寄生虫和细菌病，可确定为营养性疾病（彩图7-33）。

【治疗方法】

1）使用脂肪含量高的饲料，并添加维生素 C 和维生素 B。

2）在饲料中添加 DL- 蛋氨酸，混饲，添加量为 15 ~ 60mg/kg（即 0.5 ~ 2g/kg 饲料）。

3）在饲料中添加 L- 赖氨酸盐酸盐，混饲，添加量为 30 ~ 150mg/kg（即 1 ~ 5g/kg 饲料）。

2. 消化不良

【症状特征】病鱼食欲不振，大便不通，腹部发胀，易引发肠炎，大便长期不脱落。腹壁充血，肛门微红，压之流出黄水等现象，不久即会死亡（彩图 7-34）。

【治疗方法】

1）将患病鱼移入清水中，停止喂食。

2）并发肠炎时，可用土霉素、庆大霉素等治疗。

3）加入少量诺氟沙星（即 50kg 水中投药 0.1 ~ 0.2g）或用复方新诺明（50kg 水中投药 0.1 ~ 0.2g）。

3. 萎瘪病

【症状特征】病鱼体色发黑、消瘦、背似刀刃，鱼体两侧肋骨可数，头大。鳃丝苍白，严重贫血，游动无力，严重时鱼体因失去食欲，长时间不摄食，衰竭而死（彩图 7-35）。

【治疗方法】

1）发现病鱼时及时适量投喂鲜活饵料，在疾病早期使病鱼恢复健康。

2）及时按规格分池饲养，投喂充足饵料。

4. 跑马病

【症状特征】病鱼围绕池边成群地疯狂游水，呈跑马状，即使驱赶鱼群也不散开。最后鱼体因大量消耗体力，消瘦，衰竭而死（彩图 7-36）。

【治疗方法】

1）发生跑马病后，如果不是由车轮虫等寄生虫引起的，可采用芦席从池边隔断鱼群游动的路线，并投喂豆渣、豆饼浆或蚕粪粉等鱼苗喜食饵料，不久即可制止其群游现象。

2）可将饲养池中的苗种分养到已经培养出大量浮游动物的饲养池中饲养。

九 敌害类疾病

1. 甲虫的防治方法

1）生石灰清塘，以水深 1m 计，每亩水面施生石灰 75～100kg，溶于水全池泼洒。

2）用 0.5mg/L 的 90% 晶体敌百虫全池泼洒。

2. 水斧的防治方法

1）生石灰清池。

2）用西维因粉剂溶于水全池均匀泼洒。

3）用 0.5mg/L 的 90% 晶体敌百虫全池泼洒，效果很好。

3. 水螅的防治方法

1）清除池中的水草、树根、石头及其他杂物，不让水螅有栖息场所，水螅即无法生存。

2）用 0.5mg/L 的 90% 晶体敌百虫全池泼洒。

4. 水蜈蚣的防治方法

1）生石灰清池，以水深 1m 计，每亩水面施生石灰 75～100kg，溶于水全池泼洒。

2）每立方米水体用 90% 晶体敌百虫 0.5g 溶于水全池泼洒，效果很好。

3）灯光诱杀。用竹木搭成方形或三角形框架，框内放置少量煤油，天黑时点燃油灯或电灯，水蜈蚣则趋光而至，接触煤油后会窒息而亡。

5. 红娘华的防治方法

1）用生石灰清池。

2）用 0.5mg/L 的 90% 晶体敌百虫全池泼洒。

6. 水鳖虫的防治方法

1）用生石灰清塘。

2）用 0.5mg/L 的 90% 晶体敌百虫全池泼洒。

7. 水网藻的防治方法

1）用生石灰清塘。

2）水网藻大量繁殖时全池泼洒 0.7~1mg/L 的硫酸铜溶液，用 80mg/L 的生石膏粉分 3 次全池泼洒，每次间隔时间 3~4 天，放药在下午喂鱼后进行，放药后注水 10~20cm 效果更好。

8. 青泥苔的防治方法

1）用生石灰清池。

2）全池泼洒 0.7~1g/m³ 的硫酸铜溶液。

3）投放鱼苗前每亩水面用 50kg 草木灰撒在青泥苔上，使其不能进行光合作用而大量死亡。

4）按每立方米水体用生石膏粉 80g 分 3 次均匀全池泼洒，每次间隔时间 3~4 天，若青苔严重时用量可增加 20g，放药在下午喂鱼后进行，放药后注水 10~20cm 效果更好。此法不会使池水变瘦，也不会造成缺氧，15 天内可杀灭青苔（图 7-5）。

9. 其他敌害的防治方法

对养殖鱼类造成极大危害的敌害主要有蛇、蟾蜍、青蛙、蝌蚪及其卵、田鼠、鸭及水鸟等。根据不同的敌害应采取不同的处理方法，见到青蛙的受精卵和蝌蚪就要立即捞走，对于水鸟可用鞭炮、稻草人或用死的水鸟来驱赶，对于鸭子则要加强监管工作，不能放任其下塘，对于鼠类可用地笼、鼠夹等诱杀，见到鼠洞立即灌溴敌隆来杀灭。

图 7-5　青苔

第八章
池塘养鱼实例

第一节　池塘养殖草鱼

在池塘中养鱼取得高产的经验和实例很多，在此只用一两个实例来说明。以池塘养殖草鱼为例。

草鱼是典型的草食性鱼类，也是池塘养殖的重要品种之一，在全国各地的主养殖区都是主要的养殖对象之一。传统的养殖方式是种草养鱼、人工割草养鱼，这种养殖模式劳动强度大，产量低，效益不高，加上饲料来源的限制，一般1年只能养1茬。综合各地的经验，用传统养殖方式每亩水面可出食品鱼250～400kg，规格普遍不大，约在1～2kg/尾，生产1年，每亩纯利润仅800～1000元左右。

福建古田县和沙县水产技术推广站从2003年开始，先后各自在县重点渔业村采用现代养殖草鱼新技术，这种技术方案的主要思想是采用自动投饵机定点、定时、间歇式自动投喂人工颗粒饲料进行池塘半机械化主养草鱼，突破传统的种草养鱼或人工割草养鱼技术，实现了1年养殖两季的目的，平均每亩鱼产量达1960kg，主养鱼养殖成活率95%以上，1年每亩的纯利润达到3000元的惊人成绩。另一方面，采用机械养鱼，可以节省大量的劳动力，根据福建省的技术资料分析，1个劳动力可以管理10亩池塘，一点也不辛苦。

这种高产高效的养殖技术如下。

一 池塘选择

由于草鱼的食量大，排泄物也多，因此在池塘选择时，重点要选择水源充足且上游无污染源、注排水方便的池塘，最好是常年有微流水。池塘大小以 3 ~ 10 亩为宜，水深不宜太浅，要求达到 1.5 ~ 2m。

二 池塘处理

利用冬闲时机，对池塘进行清整。然后再进行消毒处理。消毒的时间可放在鱼种放养前 10 ~ 15 天，用漂白粉带水清塘消毒，用量为 7 ~ 10kg/（亩·m），也可用生石灰加水趁热全池泼洒，用量为 75kg/（亩·m）。

三 鱼种放养

第一季鱼种放养时间定在春节前后，以放养草鱼鱼种为主，适当混养鳊、鲤、鲢、鳙鱼。草鱼规格为 350 ~ 400g/尾，放养密度为 600 尾/亩；鳊鱼规格为 200 ~ 250g/尾，放养密度为 500 尾/亩；鲤鱼规格为 100 ~ 150g/尾，放养密度为 100 尾/亩；鲢鱼规格为 300 ~ 400g/尾，放养密度为 100 尾/亩；鳙鱼规格为 150 ~ 200g/尾，放养密度为 20 尾/亩。这些大规格的鱼种，在下塘后经过 2 个月左右适宜生长期的生长，能保证端午节前全部出塘上市，从而为第二季的养殖腾出池塘。

第二季鱼种放养时间定在端午节前后，等第一季食用鱼上市后就可以立即放养，全部放养尾重 150 ~ 200g 的草鱼鱼种，放养密度为 600 尾/亩，养至年底一般尾重均可达到 1.25kg 以上。

要注意的是，由于草鱼的"三病"威胁比较大，有时甚至会对导致池塘里养殖的草鱼全军覆没，因此我们在选择草鱼苗种时，一定要选择已经注射疫苗的鱼种。另外在放养前，全部鱼种均用 4% 的食盐溶液浸浴消毒 10 ~ 15min，以预防各种细菌性疾病和水霉病。

四 饲料投喂

1. 饲料种类

在饲料的选择上以主养鱼为主，其他的配养鱼不专门投喂饲料。虽然草鱼爱吃草料，但是在人工高密度养殖条件下，喂养专用的草鱼饲料效果更好，因此可选用粗蛋白质含量为 28% ~ 30% 的草鱼专用沉性颗粒饲料。根据草鱼的个体大小而选用不同粒径的饲料，在养殖前期颗粒饲料的粒径为 2.5mm，养殖后期颗粒饲料的粒径应选择 3.5mm。饲料系数为 1.6。

2. 自动投饵机的选择

自动投饵机采用 220V 单相照明电源，功率 90W，料箱容积 80kg，投饵面积达 80m²。面积 15 亩的池塘安装 1 台自动投饵机就可满足要求。

3. 自动投饵机的安装使用

自动投饵机可安装在紧邻管理房的池塘边，电源开关安装在管理房内。投喂时只要打开室内的电源开关，自动投饵机即可按照设定的程序定时、间歇性地将颗粒饲料均匀地向池塘内抛洒，饲养草鱼可将每餐的投喂时间设定为 1h。饲料投喂完毕投饵机可自动关闭电源。

4. 投喂方法

鱼是变温动物，它们的摄食能力与水温的高低密切相关。水温低则鱼的摄食能力弱，水温高则鱼的摄食能力强。所以，养殖前期日投喂量按池塘内草、鳊、鲤鱼总重量的 2%～3% 计算，养殖后期改为 5%～6%。如遇闷热、寒流、大暴雨等天气可酌情减量。每日投喂 2 次。

五 日常管理

对于高密度的双季草鱼精养生产模式，日常管理工作的重中之重就是保持良好、稳定的水质，预防缺氧泛塘。保持水质需要做的工作主要有：

1. 加注新水

在没有微流水的条件下，最好坚持 2～3 天换冲水一次，换水量为 1/10 即可；对于有微流水条件的池塘，要坚持昼夜不断地小流量冲水，遇到浮头时应加大冲水量。

2. 坚持巡塘

鱼类的轻浮头是从 5:00～6:00 开始，7:00～8:00 太阳出来后消失，这是正常现象。重浮头则从 3:00 开始，若未及时采取措施，至 5:00～6:00 就会导致泛塘死鱼，在精养鱼池中双季养殖草鱼也符合这样的规律。因此，养殖户要坚持巡塘，并做到提早巡塘，每天3:00要起床巡塘1次，特别在小满、芒种这两个季节最易发生重浮头。如果发现重浮头，应及时采取加注新水并开启增氧机等增氧措施，以防泛塘。

3. 适时开启增氧机

增氧机为池塘增加氧气的能力是非常明显、有效，作为精养鱼池，增氧机是必备的养殖设备。面积10亩以内的池塘，配备1台0.75kW的叶轮式增氧机即可。轻浮头时，可在5:00~6:00开机至8:00~9:00浮头消失后停机。在小满、芒种这两个季节，如遇雷雨、闷热天气，应在24:00开机至次日8:00~9:00停机。在平时预防浮头或人为增加水体氧气时，可按照增氧机的开启要求合理开启。

六　病害防治

坚持"预防为主，防重于治"的方针。第一季养殖的主要病害是草鱼的"三病"和鳊鱼的出血病。巡塘时，如发现进水口处有草鱼集群且鱼体发黑现象，即为发病预兆。此时全池泼洒1mg/L的漂白粉，连续2~3天，可制止病害蔓延。第二季养殖期间一般不发病。

第二节　龙虾和鳜鱼池塘高效混养技术

安徽省天长市牧马湖水产养殖场潘某，通过科学的技术措施，在22亩的池塘里将鳜鱼、龙虾等进行立体混养，获得了亩产龙虾42kg、鳜鱼300kg的高产量和亩产值15280元、纯利润7178元的高效益。从潘某的鳜鱼、龙虾池塘混养的结果及江浙皖等地区其他养殖户的养殖实践来看，在养殖鳜鱼的池塘里套养龙虾是可行的，并不影响龙虾的成活率和生长发育，而且还能提高商品的转化率。

这种养殖模式主要是根据龙虾单养产量较低，水体利用率偏低，池塘中野杂鱼多且龙虾和鳜鱼之间栖息习性不同等特点而设计的。进行龙虾、鳜鱼混养，可有效地使养虾水域中的野杂鱼转化为保持野生品味的优质鳜鱼，这种模式可提高水体利用率。这种养殖模式也是利用双方的养殖周期不同而设计的，龙虾的主要生长周期是

237

3~7月，其他的时间里，龙虾进入打洞和繁殖时期，基本上不在洞外活动，而此时正是鳜鱼生长发育的大好时机。待进入龙虾的生长旺季和捕捞旺季，鳜鱼正处于繁殖状态，可另塘培育。

一 池塘条件

可利用原有鳜鱼池或龙虾池，也可利用养鱼塘加以改造。池塘要选择水源充足、水质良好的地方，水深为1.5m以上，水草覆盖率达25%左右。

二 准备工作

1. 清整池塘

主要是加固塘埂，利用冬闲季节，将池塘中过多的淤泥清出，干塘冻晒，同时把浅水塘改造成深水塘，使池塘水深能保持在2m以上。消毒清淤后，每亩用生石灰75~100kg化浆全池泼洒，杀灭黑鱼、黄鳝及池塘内的病原体等敌害。

2. 进水

在虾种或鳜鱼鱼种投放前20天即可进水，水深达到50~60cm。进水时可用60目筛绢严格过滤。

3. 种草

投放虾种前应移植水草，使龙虾有良好的栖息环境。一般可播种苦草、伊乐藻、轮叶黑藻、金鱼藻等。例如种植苦草，用种量为每亩水面400~750g，从4月10日开始分批播种，每批间隔10天。播种期间水深控制在30~60cm，苦草发芽及幼苗期，应投喂土豆等植物性饲料，减少龙虾对草芽的破坏。对于那些水草难以培植的塘口，可在12月移植伊乐藻，行距2m，株距0.5~1m。整个养殖期间水草总量应控制在池塘总面积的50%~70%。水草过少要及时补充移植，过多应及时清除。

4. 投螺

在消毒的药物毒性消失后，就可补充投放天然饵料，主要是在清明前投放鲜活螺蛳，放养螺蛳200kg/亩。螺蛳是龙虾很重要的动物性饵料，价格较低，来源广泛，全国各地几乎所有的水域中都会自然生存大量的螺蛳。向虾池中投放螺蛳一方面可以改善池塘底质、净化底质，另一方面可以补充动物性饵料，具有明显降低养殖成本、增加产量、改善龙虾品质的作用，从而提高养殖户的经济效益。

在龙虾养殖池中，适时适量投放活的螺蛳，利用螺蛳自身繁殖力强、繁殖周期短的优势，任其在池塘里自然繁殖，在龙虾池塘里大量繁殖的螺蛳以浮游动物残体和细菌、腐屑等为食，因此能有效地降低池塘中浮游生物含量，起到净化水质、保持水质清新的作用。

三 防逃设施

做好龙虾的防逃工作是至关重要的，可采用高45cm的硬质钙塑板作为防逃板，埋入田埂泥土中约15cm，每隔100cm处用木桩固定。

注意四角应做成弧形，防止龙虾沿夹角攀爬外逃。

四 苗种放养

1. 龙虾苗种放养

龙虾的苗种放养有两种方式，一种是放养2~3cm的幼虾，亩放0.5万尾，时间在春季4月，当年6月就可以成为大规格商品虾。另一种就是在秋季8~9月放养抱卵虾，亩放20kg左右，第二年3月就可以陆续出售大规格的商品虾，而且全年都有虾出售，潘某就是采用这一种方法，效益非常好，例如2015年3月出售的成虾，规格达到40g/只以上时，塘口批发价为84元/kg。

2. 鳜鱼及其他配养鱼的放养

放养2~4cm规格的鳜鱼种，池塘每亩投放500尾，鳜鱼种放养时间宜在8月1日前进行。另外可放养3~4cm规格鲫鱼夏花500~1000尾/亩，搭配放养白鲢鱼种20尾/亩，花鲢鱼种40尾/亩。

3. 苗种放养的注意事项

①下塘的苗种规格要整齐，否则会造成苗种生长速度不一致，大小差别较大。②下塘时，池塘饵料鱼一定要充足、适口。③在鳜鱼种下塘前1~2天，对放养的鳜鱼鱼种及套养鱼类用每立方米水体0.7g的硫酸铜和硫酸亚铁合剂（5:2）全池泼洒1次，或用2%~4%的食盐溶液浸浴鱼苗3~5min，或用每立方米水体3g的硫酸铜溶液或20g的高锰酸钾溶液浸洗5~10min，杀灭水体中的寄生虫和其他

病原菌，预防鱼种下池后被病害感染，以提高鳜鱼种放养的成活率。④下塘前要试水，两者的温差不要超过2℃，温差过大时，要调整温差。⑤下塘时间最好选在晴天，阴天、刮风下雨时不宜放养。⑥搬运时的操作要轻，避免碰伤鱼体。⑦使用的工具要求光滑，尽量避免使鳜鱼鱼体受伤。⑧要对所有放养的鱼种情况做好登记、备案工作。

五 饲料投喂

1. 鳜鱼活饵料鱼的要求

鳜鱼是肉食性凶猛鱼类，终生以鱼、虾等活饵为食，不吃死鱼。为了确保鳜鱼养殖成功，饵料鱼的充足供应是前提，对饵料鱼的要求是，①鲜活，鳜鱼对死的东西一概不吃，即使误食后也会吐出来，因此要求饵料鱼不但要鲜，更要活。②大小适口，饵料鱼的大小要能让鳜鱼吞食下去，适口饵料鱼的规格一般为鳜鱼体长的1/3左右，如果饵料鱼规格不均匀，需用鱼筛将大规格的饵料鱼筛去。③无硬棘，主要是考虑鳜鱼吞食时既不能被卡住，也要保证鱼食吞进肚子后不能刺破肠胃。④供应及时，不能让鳜鱼时饥时饱，根据养殖方式和规模、产量指标和收获时间，预先制定饵料鱼的生产和订购计划，包括提供时间、品种、规格和数量，鳜鱼全年饵料系数为4左右。

2. 鳜鱼活饵料鱼的来源

鳜鱼饵料的来源一是水域中的野杂鱼；二是水域中培育的饵料鱼，也可补充足量的饵料鱼供鳜鱼及龙虾摄食。

3. 鳜鱼饵料鱼的投喂

（1）确定投喂方式 饵料鱼投喂可以采用每天投喂或分阶段投喂两种方式，无论是采用哪一种投喂方式，应自始至终保证鳜鱼池内的饵料鱼剩余15%～20%。根据生产实践来看，考虑到每天拉网取鱼需要较多的人力和物力，建议采用分段式投喂。

（2）确定投放饵料鱼的数量 饵料鱼的投喂量应根据季节和鳜鱼摄食强度确定，夏秋季节是鳜鱼生长旺季，鳜鱼摄食旺盛，应适当多投喂，以3～5天吃完为宜；冬春季节鳜鱼摄食强度小，应适当少投喂，以5～7天吃完为宜。鳜鱼与饵料鱼的数量比应掌握在1∶5～

1:10 之间，若饵料鱼太少，会影响鳜鱼摄食和生长；若饵料鱼太多则容易引起缺氧浮头，对鳜鱼生长不利。在鳜鱼苗为 3～6cm 期间，日投喂饵料鱼以每尾鳜鱼 4～8 尾计算，饵料鱼体长不超过鳜鱼体长的 55%～60%；6cm 以后，日投喂饵料鱼 4～5 尾，其体长不超过鳜鱼体长的 50%～55%。

（3）掌握日投饵量 每次投饵量不宜过多，一般鳜鱼日摄食量为其体重的 5%～12%，因此根据池内鳜鱼的存塘数量和间隔天数就可以大概估算出需要投放的数量。经 7～10 天的饲养，当饵料鱼达到 1.2～2.0cm 时，刚好是 4cm 以上的鳜鱼的适口饵料，此时，则应向鳜鱼池开始投喂饵料鱼给鳜鱼摄食。

（4）及时补充饵料鱼 当池中饵料鱼充足时，早晨及傍晚鳜鱼摄食最旺盛，这两个时段观察鳜鱼摄食活动状况最适宜，通过观察可探知饵料鱼的存池量，以便提前安排饵料鱼的投喂计划。当池中饵料鱼充足时，鳜鱼在池水底层追捕摄食饵料鱼，池水表面只有零星的小水花，细听时，鳜鱼追食饵料鱼时发出的水声小，且间隔时间较长。当池中饵料鱼不足时，鳜鱼追食饵料鱼至池水上层，因此水花大，发出的声音也大，且持续时间较长。若看到鳜鱼成群在池边追食饵料鱼，则说明池中饵料鱼已基本被吃完。在投喂过程中，如果发现鳜鱼有吐出饵料鱼的现象，应立即开增氧机增氧并加注新水。

4. 龙虾饵料的投喂

喂养龙虾时，潘某利用塘埂的条件，种植了多种饲草和南瓜等瓜果蔬菜供龙虾食用。在龙虾放养后的投喂前期，宜投喂新鲜鱼、螺肉等精饲料，辅以土豆、南瓜等植物性饲料。如果是投喂配合饲料时，投喂量则根据龙虾体重计算，每日投喂 2～3 次，投饵率一般掌握在 5%～8%，具体视水温、水质、天气变化等情况调整。

六 日常管理

1. 水质管理

在混养时，重要的是要加强水质管理，改善水体环境，使水质保持高溶氧状态。水质管理的方法主要是培植水草、药物消毒、及时换水等。水质要保持清新，时常注入新水，使水质保持高溶氧。

水位随水温的升高而逐渐增加，池塘前期水温较低时，水宜浅，水深可保持在50cm，使水温快速提高，促进龙虾蜕壳生长。随着水温升高，水体应逐渐加深至1.5m，底部形成相对低温层。水色要清嫩，透明度在35～40cm，夏季坚持勤加水，以改善水体环境，使水质保持高溶氧。

2. 病害防治

对龙虾、鳜鱼疾病防治主要以防为主，防治结合，重视生态防病，营造良好的生态环境从而减少疾病发生。平时要定期泼洒生石灰、磷酸二氢钙以改善水质，如果发病，用药要注意兼顾龙虾、鳜鱼对药物的敏感性，在整个养殖期间禁止使用敌百虫、敌杀死等杀虫药物。

3. 加强巡塘

观察水色，注意龙虾和鳜鱼的动态，检查水质、观察龙虾摄食情况和池中的饵料鱼数量。大风大雨过后及时检查防逃设施，如有破损及时修补、有蛙蛇等敌害及时清除，并详细记录养殖日记，以随时采取应对措施。

4. 施肥

水草生长期间或缺磷的水域，应每隔10天左右施1次磷肥，每次每亩1.5kg，以促进水生动物和水草的生长。

七 捕捞销售

进入第二年的3月就可以开始捕捞上市，一直进行到7月，价格以3月刚上市时最高。用地笼等渔具将龙虾捕捞，鳜鱼的捕捞可采用网捕或干塘捕捉。

附录 常见计量单位名称与符号对照表

量 的 名 称	单 位 名 称	单 位 符 号
长度	千米	km
	米	m
	厘米	cm
	毫米	mm
面积	平方千米（平方公里）	km^2
	平方米	m^2
体积	立方米	m^3
	升	L
	毫升	mL
质量	吨	t
	千克（公斤）	kg
	克	g
	毫克	mg
物质的量	摩尔	mol
时间	小时	h
	分	min
	秒	s
温度	摄氏度	℃
平面角	度	(°)
能量，热量	兆焦	MJ
	千焦	kJ
	焦［耳］	J
功率	瓦［特］	W
	千瓦［特］	kW
电压	伏［特］	V
压力，压强	帕［斯卡］	Pa
电流	安［培］	A

参 考 文 献

［1］占家智，羊茜. 施肥养鱼技术［M］. 北京：中国农业出版社，2002.

［2］占家智，羊茜. 水产活饵料培育新技术［M］. 北京：金盾出版社，2002.

［3］占家智，凌武海，羊茜. 鱼病诊治150问［M］. 北京：金盾出版社，2011.

［4］凌熙和. 淡水健康养殖技术手册［M］. 北京：中国农业出版社，2001.

［5］北京市农林办公室，等. 北京地区淡水养殖实用技术［M］. 北京：北京科学技术出版社，1992.

［6］戈贤平. 淡水优质鱼类养殖大全［M］. 北京：中国农业出版社，2004.

［7］江苏省水产局. 新编淡水养殖实用技术问答［M］. 北京：中国农业出版社，1992.

［8］田中二良. 水产药详解［M］. 刘世英，等译. 北京：农业出版社，1982.

［9］耿明生. 淡水养鱼招招鲜：常见淡水养鱼疑难问题百问百答［M］. 郑州：中原农民出版社，2010.

书号：978-7-111-51285-1
定价：29.80 元

书号：978-7-111-44968-3
定价：19.80 元

书号：978-7-111-43448-1
定价：25.00 元

书号：978-7-111-42357-7
定价：25.00 元

书号：978-7-111-45462-5
定价：16.80 元

书号：978-7-111-42300-3
定价：22.80 元

书　目